電子學實驗(上)

陳瓊興 編著

全華圖書股份有限公司

國家圖書館出版品預行編目資料

電子學實驗 / 陳瓊興編著. -- 十一版. -- 新北市：
　全華圖書股份有限公司, 2023.12
　　冊 ； 公分
　ISBN 978-626-328-804-1(上冊：平裝)

1.CST: 電子工程　2.CST: 電路　3.CST: 實驗

448.6034　　　　　　　　　　　　112021268

電子學實驗(上)

作者 / 陳瓊興

發行人 / 陳本源

執行編輯 / 張峻銘

出版者 / 全華圖書股份有限公司

郵政帳號 / 0100836-1 號

印刷者 / 宏懋打字印刷股份有限公司

圖書編號 / 054200A

十一版一刷 / 2024 年 1 月

定價 / 新台幣 420 元

ISBN / 978-626-328-804-1(上冊：平裝)

全華圖書 / www.chwa.com.tw

全華網路書店 Open Tech / www.opentech.com.tw

若您對本書有任何問題，歡迎來信指導 book@chwa.com.tw

臺北總公司(北區營業處)
地址：23671 新北市土城區忠義路 21 號
電話：(02) 2262-5666
傳真：(02) 6637-3695、6637-3696

南區營業處
地址：80769 高雄市三民區應安街 12 號
電話：(07) 381-1377
傳真：(07) 862-5562

中區營業處
地址：40256 臺中市南區樹義一巷 26 號
電話：(04) 2261-8485
傳真：(04) 3600-9806(高中職)
　　　(04) 3601-8600(大專)

序言

　　本書乃參考自THOMAS L.FLOYD所著的Electronic Device及DAVID BUCHLA所編的 Laboratory Exercise 之教材配合各實驗項目融合而成。由於 IC 產業的興起，多數學校採用之教科書多偏向於講授積體電路製程相關的技術。歷年來四技升學考也有類似趨向且多數學生也以補習解題教學為導向，在電子電路實作的技術紮根上並不確實，所以電子學實驗課就更顯得格外重要。

　　在學校的教學方面，基礎電子學實驗課程能提供學生(1)熟悉基礎電子儀器的操作(2)驗證並加深認識課堂上所講授的電子電路特性(3)學習認識電子元件的規格表(Data Sheet)(4)了解電子電路的基本應用。

　　本書附有教師手冊。除了各實驗的詳細解答外，並有各實驗電路之信號波形記錄，以方便授課教師驗證實驗結果。同時為方便同儕先進們之講課，在本文中融入了電子元件規格表的主要部份，讓學生能深入認識電子元件的特性。已將本文中的解答以 Word 檔製作，另也在附錄中製作了一份全學期的材料表以方便授課教師於學期前準備材料。

　　書中各實驗之電路盡量簡化、實驗步驟之敘述盡量說清楚講明白。為驗證課堂上講授的理論與實驗符合，在進行每項電路量測前，先依理論計算其值以判斷實驗之電路是否符合預期值。即要求學生在動手進行實驗前要能知道預期結果。實驗的精髓在啟發學生於操作的過程中能發掘相關的問題。因此，於實驗報告的最後也預留了一頁，以提供學生抒發心得與老師討論。為讓學生熟悉實驗中各電子元件之特性，在本書的附錄中已將廠商提供之規格表詳附其中。

在教學上，謹提供如下參考：(1) 因實驗器材的數量限制(25~30 套)，學生以二人為一組，於開學第一周編組完成並製作一份座位表，以方便平時出勤考核。(2) 在每次上課第一節的大綱講授完後，如同學對當天實驗沒有問題，由各組至材料櫃檢取當次實驗之電子材料，以訓練學生認識零件。(3) 實驗報告之撰寫；為釐清責任採單數週由甲主筆，雙數週由乙主筆之方式為之，以確保每位學生都動手實做。(4) 電路製作；由於課堂上的電路量測都在麵包板上，為訓練學生實作能力，可選擇性地要求學生將課堂上完成之電路由TA當場檢查確認(當做平時實驗成績)。(5) 期中和期末成績考核；為確保學生能獨立完成各項實驗及達到學習成效，可於期中和期末將全班分兩梯次考試一個人一組，由授課教師預先指定三個實驗項目做為待測題目，再由受測學生自行抽選考題。即仿照技能檢定之模式。

本書的所有實驗項目都經學生實際操作完成並以Tektronix TDS220之數位儲存式示波器記錄於教師手冊。感謝Fairchild, Toshiba, Diodes 及 SGS-Thomson 半導體公司提供電子元件規格表以利教學使用。雖然筆者懷抱著要以最佳的書獻給讀者的心情來編寫此書，但若有讀者在閱讀本書時有發現任何疏漏之處，還要麻煩您多加批評指正，筆者將不勝感激！

陳瓊興　於國立高雄科技大學

2023.12

編 輯 部 序

　　「系統編輯」是我們的編輯方針，我們所提供給您的，絕不只是一本書，而是關於這門學問的所有知識，它們由淺入深，循序漸進。

　　本書各實驗之電路盡量簡化，實驗步驟之敘述清楚明瞭，使理論與實驗結合，符合科學方法。另外也提供便利的 e 化教學：本文中的電路及解答分別以 Power Point 和 Word 檔製作，並有教師手冊；除了各實驗的詳細解答外，還有各實驗電路之信號波形紀錄，以方便授課教師驗證實驗結果。實驗的內容有：電子儀表操作、二極體整流電路、截波電路與箝位電路、稽納二極體之特性與應用、BJT、電晶體開關、共射極放大器、共基極與共集極放大器、串極放大器、JFET 放大器、A 類功率放大器及 B 類功率放大器等，適合大學、科大電子、電機系「電子學實驗」課程使用。

　　同時，為了使您能有系統且循序漸進研習相關方面的叢書，我們以流程圖方式，列出各有關圖書的閱讀順序，以減少您研習此門學問的摸索時間，並能對這門學問有完整的知識。若您在這方面有任何問題，歡迎來函連繫，我們將竭誠為您服務。

相關叢書介紹

書號：02959
書名：感測器應用與線路分析
編著：盧明智

書號：00706
書名：電子學實驗
編著：蔡朝洋

書號：06001
書名：數位模組化創意實驗
　　　(附數位實驗模組 PCB)
編著：盧明智.許陳鑑.王地河

書號：06159
書名：電路設計模擬－應用 PSpice
　　　中文版(附中文版試用版及
　　　範例光碟)
編著：盧勤庸

書號：02974/02975
書名：電子實習(上)/(下)
　　　(附試用版光碟)
編著：吳鴻源

書號：06438
書名：應用電子學(精裝本)
編著：楊善國

書號：04F62
書名：Altium Designer 極致電路
　　　設計
編著：張義和.程兆龍

流程圖

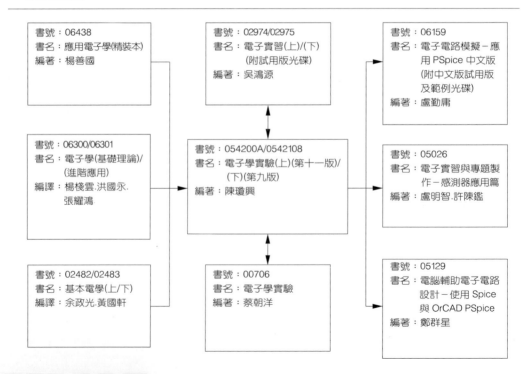

目 錄

ELECTRONICS Lab I

職業安全與衛生

實驗目的

1. 瞭解職業安全衛生相關法規
2. 瞭解電子學實驗課應注意事項
3. 認識電子學實驗課應具備之工具

一、相關知識

我國的勞工政策

　　一個國家的勞工政策與該國的政治、經濟、文化、科技發展等社會現象息息相關。西方國家的勞工政策導源於工業革命時期歐美國家為解決當時勞工問題而制定的法制為基礎。由於勞工政策乃以「勞工」為主要施政對象，因此一個國家的勞工政策發展與該國的勞工階層的形成有密不可分的關係。

　　我國自古即為農業國家，工業發展約晚西方國家半世紀，因此我國在訂定勞工政策時多參考西方國家的缺失而加以改進。依中華民國憲法第一五三條規定：「國家為改良勞工及農民之生活，增進其生產技能，應制定保護勞工及農民之法律，實施保護勞工及農民之政策。婦女兒童從事勞動者，應按其年齡級身體狀況，給予以特別之保護。」足見我國在訂定勞工政策的主要精神在保護勞工的工作權益及工作安全。

　　目前我國的勞工政策為「保護勞工權益、協調勞資關係、開發及調節人力、確保就業安全，加強國際勞工聯繫合作。」

勞工行政與勞動法令

　　「勞工行政」所指的就是政府為貫徹勞工政策所採行之措施及政令，包括設置掌管勞工事務之各級勞工機關以及制定保護勞工權益之法令規章等。因此，凡以勞工或事業單位、雇主為適用對象的法令，一般通稱為勞動法令。其中尤以勞工安全衛生法、勞動檢查法、勞動基準法及勞工保險條例為為執行職業安全衛生之重要法源為依據。

各級勞工行政主管機關

　　我國的行政架構目前已簡化為「中央」及「地方」之二級政府架構，因此勞工行政之主管機關在中央為行政院勞工委員會；在直轄市為直轄市政府；在縣(市)為各縣(市)政府之勞工局或社會局(科)。此外，在經濟部所管轄之加工出口區與國科會之科學工業園區內，尚設置專屬之勞工行政單位。

法令規章類別

　　法海浩瀚，與職業安全衛生有關的法規種類繁多，大致可分成「法」、「細則」、「規則」、「標準」、「辦法」、「要點」、「準則」等七大類。其中以「法」的層次最高加，「職業安全衛生法」、「勞動檢查法」及「勞動基準法」，因為其他的「細則」、「規則」、「標準」、「辦法」、「要點」、「準則」等，都是從這些母「法」衍生而來的。從法律的觀點來看，只要是影響到民眾權益的法規，都要經過民意機構的同意，也就是經立法三讀通過才能施行，但若各大大小小的法規都要送立法院一條一條審查，似乎沒有什麼效率。因此在「職業安全衛生法」第五十四條中，明定了「本法施行細則，由中央主管機關定之。」其意思就是授權行政院勞工委員會訂定「勞工安全衛生法施行細則」，以及相關之「規則」、「標準」、「辦法」等。這種授權立法的方式既有效率又符合「立法專業分工」的精神。因為「職業安全衛生法」的修正，須經立法院三讀通過送呈總統府以總統之公佈施行，而相關的細則即規章，則只需勞工委員會擬定後報請行政院核定，即可以「函令」發布施行。事實上，「職業安全衛生法」全部條文才只有五十五條而已，在施行上自有不夠周延之處，因此需要另訂其他的「細則」、「規則」、「標準」、「辦法」來補其不足之處，若這些「細則」、「規則」、「標準」、「辦法」仍有不清楚的地方，則會再訂定一些「要點」或「準則」來補充之。

職業安全衛生法之內容重點

第一章　總則

　　本章的重點為說明「職業安全衛生法」之立法目的，並且對下列專用名詞予以定義：

1. 勞工：受僱從事工作獲致「工資」者。
2. 雇主：事業主或事業之經營負責人。
3. 事業單位：本法適用範圍內僱用勞工從事工作之機構。
4. 職業災害：勞工「就業場所」之建築物、設備、原料、材料、化學物品、氣體、蒸氣、粉塵等或作業活動及其他職業上原因引起之勞工疾病、傷害、殘廢或死亡。

Lab 1

5. 主管機關：在中央為行政院勞工委員會；在直轄市為直轄市政府；在縣(市)為縣(市)政府。

　　「職業安全衛生法」對於「工資」與「就業場所」尚未明確定義，要在「職業安全衛生法施行細則」中才有更清楚的界定。此外，「職業安全衛生法」在民國80年5月17日第一次修正後，將其適用範圍由原先之五大行業：一、礦業及土石採取業。二、製造業。三、營造業。四、水電、燃氣業。五、交通運輸業等，擴大為：一、農、林、漁、牧業。二、礦業及土石採取業。三、製造業。四、營造業。五、水電燃氣業。六、運輸、倉儲及通信業。七、餐旅業。八、機械設備租賃業。九、環境衛生服務業。十、大眾傳播業。十一、醫療保健服務業。十二、修理服務業。十三、洗染業。十四、國防事業，共十四大行業。目的在使更多的勞工可以得到職業安全衛生法之保護。至於這十四大行業的明細定義，則以附表方式附於「職業安全衛生法施行細則」之中。

第二章　安全衛生設施

　　本章的重點為明訂出雇主對提供安全衛生設施以保障勞工安全之責任：

1. 對危險機具、作業流程及危害物質，應有符合標準之必要安全衛生設備。
2. 不得設置不符中央主管機關所定防護標準之機械、器具供勞工使用。
3. 對指定之作業場所應依規定「實施作業環境測定」。
4. 對危險物及「有害物應予標示」，並註明必要之安全衛生注意事項。
5. 具有危險性之機械或設備，非經檢查機構或「代行檢查機構」檢查合格，不得使用。
6. 勞工工作場所之建築物，應依建築法規及本法有關安全衛生之規定設計。
7. 工作場所有立即發生危險之虞時，負責人應即令停止作業，並使勞工退至安全場所。
8. 高溫度、異常氣壓、高架、精密、重體力勞動及「特殊危害之作業」，應依規定減少勞工工作時間，並在工作時間中予以適當之休息。
9. 僱用勞工時，應施行「體格檢查」。
10. 對在職勞工應施行定期」「健康檢查」。
11. 體格檢查發現應僱勞工不適於從事某種工作時，不得僱用其從事該項工作。
12. 健康檢查發現勞工因職業原因致不能適應原有工作者，除予醫療外，並應變更其作業場所，更換其工作，縮短其工作時間及其他適當措施。

第三章 安全衛生管理

本章的重點，在於雇主應依規定在其事業單位內設置勞工安全衛生組及人員，以配合推動政府勞工行政中的安全衛生管理，並且要實施自動檢查，以落實安全管理的效果。此外也對童工與女工所從事之危害性工作加以規範，以保障婦女與童工的健康與安全。本章的重點如下：

1. 應依事業之規模、性質，實施安全衛生管理。
2. 應依中央主管機關之規定，「設置勞工安全衛生組織、人員」。
3. 應訂定自動檢查計畫，「實施自動檢查」。
4. 應僱用經中央主管機關認可之訓練或經技能檢定之合格人員，操作具有危險性機械或設備。
5. 事業單位與承攬人、再承攬人應為所僱用的勞工提供必要的安全措施，並且負連帶責任。
6. 「不得僱用童工、女工從事危險性或有害性工作」。
7. 對勞工應施以從事工作及預防災變所必要之「安全衛生教育、訓練」。
8. 應負責宣導本法及有關承攬人安全衛生之規定，使勞工周知。
9. 應依本法及有關規定會同勞工代表訂定適合其需要之「安全衛生工作守則」，報經檢查機構備查後，公告實施。

安全衛生標示及設置

工廠內設置適當的安全衛生標示，可提醒作業人員注意安全，避免職業災害的發生。有關工廠內安全衛生標示之設置，可參照行政院勞工委員會於民國103年7月2日最新修正公佈之「職業安全衛生標示設置準則」。以下為本準則對安全衛生標示之分類及規定。

安全衛生之標示之分類

本準則所稱之安全衛生標示，依其用途分為兩大類；第一類為防止危害告知使用者，此包括：

1. 禁止標示：嚴格管理有發生危險之虞之行為，如禁止煙火、禁止攀越、禁止通行等。
2. 警告標示：警告既存之危險或有害狀況，如高壓電(圖 1-1)、墜落、高熱、輻射等危險。

Lab **1**

圖 1-1　有電危險

3. 注意標示：提醒避免相對於人員行為而發生，如當心地面、注意頭頂等。

　第二類為一般說明或提示性質用者，其包括：

1. 用途或處所之標示，如反應塔、鍋爐房、安全門、伐木區、急救箱、急救站、救護車、診所、消防栓、機房等(圖 1-2)。

2. 有一定順序之機具操作方法、儀表控制盤之說明、安全管控方法等之標示。

3. 工作場所各種行動方向、管制信號意義等說明性質標示(圖 1-3)。

(a) 緊急安全材料櫃

(b) 緊急照明設備

(c) 滅火器

(d)化學液體緊急淋浴設備

圖 1-2

圖 1-3　平面圖及避難方向

機械設備的安全防護

在製造或生產作業中，難免會使用機械機具對物件進行加工，因此在工廠內發生的意外事故，大多數都是由機械機具所造成。根據資料顯示，在製造業中對勞工所造成的傷害，有百分之七十以上是由機械機具所導致(包括被夾、被捲、被切、割、被撞等)。要預防機械對人員所造成的傷害，先要了解機械傷害的性質與種類，以及機械安全防護的類型與方法，進而就機械的特性選擇合適的安全防護設計。

輕便工具的使用原則及管理

不論工作場所的機械化或自動化如何，還是會使用到輕便的手工具或電動工具。然而一般勞工經常忽略了手工具的安全防護或正確的使用方法，導致傷害發生。手工具引起的傷害，可分下列四種：

1. 衝撞傷害：手腳肌肉為鐵鎚擊傷，或由鐵鉗等工具造成扭傷或骨折。
2. 割切傷害：手部為螺絲起子、鑽、衝頭或銼刀造成的割傷或刺傷。
3. 飛濺傷害：由於打擊、切割、研磨產生的碎屑，或工具震飛，而使眼睛受到傷害。
4. 電擊傷害：因電動手工具的外殼絕緣欠佳而造成使用者發生電擊傷害。

不論是哪類輕便工具，其使用原則及管理方法如下：

1. 選擇合於工作所需的適當工具。
2. 工具要保持良好的使用狀態。
3. 以正確的方法使用工具。
4. 工具要儲存於安全處所。

Lab 1

5. 由專人負責存放、借發、檢查、送修或更換，使工具保持正常狀態。

6. 定期施行檢修與保養，發現缺點或損壞時，應做適當的修理、調整。

7. 借發危險工具予勞工使用時，應同時配發防護工具。

8. 若工具損壞，應找出損壞的原因，以防止其再度發生。

9. 工具應存放在固定的工具間或工具箱、架。

10. 必須隨身攜帶工具時，應將工具排放在工具袋或套內。

11. 工具的傳遞，不可互相拋擲或自高處向低處丟下。

輕便動力工具之安全原則

　　輕便動力工具大多為手提式，可分為電動或氣動兩種，如手提式研磨機、電鑽、手提電動圓盤鋸等。使用動力工具，應注意下列安全守則：

1. 若不瞭解動力工具的操作方法，則切勿使用，以免發生傷害。

2. 使用電動工具時要注意是否已接上接地線。

3. 接上電源與壓縮空氣前，必須將工具的開關調至「關」的位置，以防止工具突然轉動引起傷害。

4. 不可卸下工具的護罩，必要時要配帶個人防護裝備。

5. 清潔或換裝組件時，一定要先拔除電源。

6. 操作前要檢查空氣軟管或電線是否有裂縫或其他毛病，如有問題應予更換。

7. 在通道上使用動力工具時，要注意工具的電線或空氣軟管是否會絆倒行人，導致意外發生。

電鑽的使用原則

　　電鑽的大小依鑽頭的尺寸而定，尺寸越大，轉速越小，鑽較硬的材料。電鑽的安全守則如下：

1. 平時應經常檢查外電線是否折裂或磨損，內部絕緣部份是否漏電。

2. 在潮濕地區使用時，外殼宜接一地線，若本身即有第三線供接地線用，其插頭應有三個插腳，否則需配帶絕緣手套，或在手柄處包以橡皮等物，使其絕緣，如圖 1-4。

3. 使用夾頭鑰旋緊夾頭後，不可用手鉗或板鉗施以更大的壓力。

4. 啓動電鑽前要將夾頭鑰取下，以免電鑽轉動時夾頭鑰飛出，導致擊傷危害。

圖 1-4　三孔插座

採光與照明

當無法以天然光源進行照明時，或是以天然光源無法符合作業要求時，就需要以人工光源來補助天然光源不足。由於發光的方式不同，因此人工光源分爲兩大類，分別爲：

1. 白熱燈絲燈：其發光原理是以電流通過一根金屬絲，使其發熱(溫度在 1500°K 以上)而產生光亮。

2. 氣體放電燈：當電流通過一些特殊氣體時，這些氣體會在兩電極間發生放電而產生輻射光能，由於這種發光是藉放電作用而發生，所以又稱爲電氣非熱光。氣體放電燈又可分爲三類：

   (1) 高強度放電燈：如金屬鹵燈、水銀燈。

   (2) 鈉氣燈：分高壓和低壓兩種。

   (3) 日光燈或螢光燈：依封入氣體之不同而產生不同顏色之燈光。

發光效率

由於各種人工光源採用不同的發光原理，因此他們的能量消耗也各有不同。各種光源之發光效率可以用每一單位能量消耗所產生的光通量來比較。在選擇光源時要考慮燈泡的能源成本及發光效率，可參考表 1-1 的說明。

Lab 1

表 1-1　人工光源之特點及適用場所

種　　類		功率 (W)	特　　點	適用場所
白熱燈泡	一般照明用	5～1000	廉價、使用方便、體積小	局部照明用
	耐震型	20～500	具耐震特性	產生震動之場所
	光柱燈泡	40～250	效率高、光度降低少	屋內、屋外投光用、高天花板、局部照明、塵埃多之場所、工業全面照明
	反射型燈泡	40～1000	高度高，提供簡便投光照明	屋內、屋外投光用、高天花板、局部照明、塵埃多之場所
	鹵素燈泡	100～1500	體積小、效率高、壽命長、無光束降低	投光器用、高天花板用
日光燈	一般用	4～40	效率高、輝度低、壽命長、演色性佳、具耐震性	工業全面照明(低天花板)
日光燈	反射型	20～40	同上、光度高、光度降低少	工業全面照明、塵埃多之場所
	高輸出型	60～220	效率高、壽命長、單燈之光束大	工業全面照明(中天花板)
水銀燈	透明型	40～2000	效率高、壽命長、單燈之光束大	工業全面照明(5m 以上中、高天花板)
	免用穩定器型	160～750	不需使用穩定器、演色性好、啓動時間短。	工業全面照明
	鹵素金屬型	250～200	效率高、演色性佳、光束大、價格高	工業全面照明(中、高天花板)
鈉氣燈	低壓	35～180	效率高、壽命長、演色性差、橙色光	特殊檢查，煙霧多之場所
	高壓	100～1000	效率高、壽命長、金黃色燈	工業全面照明(中、高天花板)

光線引起之傷害

　　良好的照明對於生產效率及防止災害事故的發生皆有莫大的貢獻，但照明所使用光線或其伴隨之紫外線、紅外線等，有時會傷害眼睛，以下是光線可能引起之病症：

1. 可見光線：弱視、礦工眼球震盪症、網膜炎及日射病等。
2. 紅外線：白內障、熱射病(中暑)及濕熱性紅斑等。
3. 紫外線：結膜炎、角膜炎、雪眼炎、電氣性眼炎及紫外線紅斑等。

二、電子學實驗課應注意事項

　　目前政府相關部門已有規定新生於第一次上實驗課時，需給予觀看實驗室安全規範之錄影帶，但其內容大都以化學實驗或重電工廠為宣導重點。除了依上述規定辦理外，在一般大專院校的電子實驗室其設備大致都如圖 1-5 所示。其所供應之交流電壓皆為 110V、60Hz。而桌面上所提供之儀器不外乎是雙電源供應器、信號產生器和雙軌示波器，如圖 1-6 所示。因此在做實驗前，授課老師最好能嚴禁學生在實驗桌上放置飲料或液體之類的東西，以免觸電危險或損壞電子儀器。同時，如果在實驗過程中，有需要直接由市電提供交流電源時，最好先知會授課老師。另外也須提醒學生觸電時的緊急處理方法。

圖 1-5　電子實驗室

雙軌數位
儲存示波器

數位型函數
產生器

直流電源
供應器

圖 1-6　實驗室桌上儀器

Lab **1**

三、實驗室管理與安全守則

1. 教師於上課前,詳細交待每個單元操作注意事項。

2. 電子儀表設備必須遵照其安全操作程序操作之。

3. 上課前,詳細清點該組儀表器材,發現損壞或遺失應立即報告及填寫工廠日誌,以明責任,否則應負賠償之責。

4. 實驗過程嚴禁奔跑、叫囂。

5. 不可私自借用它組儀器設備。

6. 建立滅火器及急救箱之使用常識。

7. 臨走前,徹底檢查儀表器材、關閉電源、歸定位放置整齊並清潔之。

8. 下課後,值日生確實打掃教室,清理垃圾並關閉門窗。

9. 如遇空襲警報,依教師指導依序進入安全區域。

10. 遵守其他相關工廠安全之臨時規定。

四、電子學實驗需要具備的工具

1. 尖頭鉗:尖頭鉗又稱為尖嘴鉗或長鼻鉗,如圖1-7所示,可用以夾持零件、彎折導線,所附之刀刃可用以剪導線。

圖1-7　尖頭鉗　　　　　　　　　圖1-8　斜口鉗

2. 斜口鉗:斜口鉗具有兩片鋒利的刀刃,用以剪斷導線或剝除導體的絕緣皮非常方便,如圖1-8所示。

3. 起子:起子為鬆緊螺絲之必備工具。可概分為平口(一字)起子及十字起子兩種,如圖1-9所示。起子的大小及型號必須配合螺絲鉤槽之大小及型式而選用。為防止損耗,不可將起子兼用其他用途(例如拿來撬東西)。

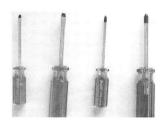
圖 1-9　起子

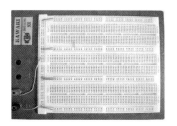
圖 1-10　麵包板

4. 麵包板：爲方便電路的接線以及可簡易的修改或更換元件，使用如圖 1-10 所示的麵包板。

5. 信號線：在實驗中，需要的信號線有：(1)直流電源供應器連接用如圖 1-11。(2)信號產生器和示波器連接待測電路用如圖 1-12。

圖 1-11　電源連接線

圖 1-12　信號測試線

6. 電表：電壓、電流、電阻是電子實驗上的主要三大項目。三用電表主要用來測量這三大項目，因此稱爲三用電表(圖 1-13)。其實電表的用途很廣，除了上述三大項目，還可測電容、電感、二極體、電晶體特性等，因此又稱萬用電表(Multi-meter)。

(a) 指針式電表

(b) 數位式電表

圖 1-13　電表

7. 跳線盒：圖 1-14 為電子材料行常見之單心線組，方便學生於電路接線時，在麵包板上連接元件。

圖 1-14　跳線盒

8. 烙鐵和烙鐵架：電子學實驗的過程中，除了插麵包板外也會使用如圖 1-15 (a)所示的烙鐵來焊接電子元件於印刷電路板。圖 1-15(b)為置放的烙鐵架，以避免傷害實驗桌。

(a) 烙鐵　　　　　　　　　　　　(b) 烙鐵架

圖 1-15

9. 吸錫器：在焊接電子元件的過程中，往往會接錯線或更換元件，為了將已被焊接之元件由印刷電路板上移除，則需如圖 1-16 所示的吸錫器。

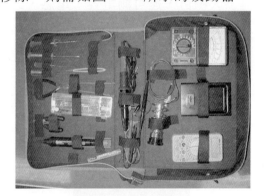

圖 1-16　吸錫器　　　　　　　　圖 1-17　工具包

10. 工具包：專業技術人員在從事檢測維修時，都有專屬於個人的基本工具，如前述的各項工具，因此為便於攜帶，則需如圖 1-17 所示的工具包。

實驗 **2**

電子儀表操作使用

實驗目的

1. 學習萬用電表的使用
2. 學習雙電源供應器的操作
3. 學習信號產生器的操作
4. 學習雙軌示波器的操作

一、相關知識

萬用電表基本原理

　　電壓、電流和電阻是電子實驗上的主要三大項目。早期的電表主要用來測量這三大項目，因此稱為三用電表。其實三用電表的用途很廣，除了上述三大項目，還可測電容、電感、二極體和電晶體特性等，因此稱為萬用電表(Multi-meter)。

　　因為三用電表所用的電壓單位是伏特(Volt，V)；電阻單位是歐姆(Ohm，Ω)；電流單位是毫安(Milliampere，mA)，所以又稱 VOM。

　　圖 2-1 為 HOLA HA-370 之外觀及各部份名稱，由該圖可以看出電表可以量 ACV、DCV、OHMS、DC mA 等。圖 2-2 為數位萬用電表，此處將針對常用的 HOLA 型(為一指針式的電表)來討論。

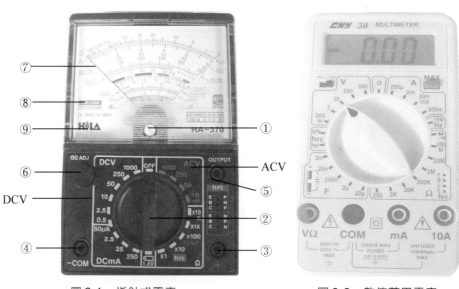

圖 2-1　指針式電表　　　　圖 2-2　數位萬用電表
(HOLA HA370)

　　指針式電表之外觀及各部份功能：

① 指針零位調整鈕：當指針不在"零位"(即第二刻度線的零伏特及零安培的位置)時，必須用"一"字起子調整這個調整鈕。

② 範圍選擇旋鈕：這個旋鈕是用來控制三用電表內部的電路結構，使三用電表成為測量直流電壓(DCV)、直流電流(DC mA)、交流電壓(ACV)及電阻

(Ω)的儀表,所以要做爲某一種測量儀表時,必須先行調整這個旋鈕到該測量範圍之內適當的檔,才可做該類的測量,如果選擇不當將有燒毀的可能。"Ω"範圍選擇檔的測量值是指針的讀數再乘以該檔的倍數。其餘 DCV,ACV,DC mA 等範圍的標示是代表該檔所能測量最大的數(即指針滿刻度時的值)。

③ "+"測試棒插孔:通常將紅色的測試棒插入這個插孔,代表這端的電位較 "−COM"測試棒插孔的電位爲高。

④ "−COM"測試棒插孔:通常將黑色測試棒插入這個插孔,代表這端的電位較"+"測試棒插孔的電位爲低。測交流時,則無±之分。

⑤ "OUTPUT"輸出插孔(串聯電容器):這個插孔串聯一只 0.1μF 的電容器接到 "+"端,通常在測量電子電路中含有直流準位及交流的交流電壓。但因低頻時電容抗較大,高頻時又容易與表頭線路產生諧振,所以在測量不含直流準位的交流電壓時都不用"OUTPUT"端對"−"端來測量,而以正常的"+"端對"−"端來測量。

⑥ "0Ω"調整鈕:在測量電阻時,指針的準確度受內部電池電壓限制,因爲內部的電池會因日久而衰退,所以在做電阻測量時都需先做0Ω的校正。校正的方法非常簡單,將選擇旋鈕撥到歐姆檔範圍內適當的檔,然後把"+"和 "−"測試棒接觸在一起(即短路),此時應該是零歐姆,如果指針沒有指示在零歐姆的位置,就必須調整這個調整鈕,使指針指在零歐姆的位置,校正工作就完成了。在測量時每變換一檔,就必須校正一次,如果指針無法指在零歐姆處,在正常的狀況下就需更換新的電池了!

⑦ 指針:指針是代表目前的測試量,測試值爲多少是由面板表頭的刻度來指明,茲僅將面板的刻度線與符號(如圖 2-3 所示)做一詳細的介紹:(由上往下數)

1. 第一條刻度:在刻度的左右兩端標有電阻的符號"Ω",表示本刻度是測量電阻值之用,數字的刻度由右而左,愈左愈密,呈非線性的分佈,最小刻度是 0,中心的刻度是 20,最大的刻度是∞。

2. 第二條刻度:在刻度的左邊標有"DCA、V"的符號,表示本刻度是做爲測量直流電壓(DCV)及(DCmA)之用,本刻度至第三條刻度(右邊標有"ACV"

之符號)之間共有三組數值，由左至右分為：0、2、4、6、8、10，第二組：0、10、20、30、40、50，第 三 組：0、50、100、150、200、250 等，在刻度線上均勻分佈，此三組的數字是對應於範圍選擇旋鈕。

圖 2-3　指針式電表刻度

3.　第三條刻度：在刻度的右邊標有"ACV"的符號，表示本刻度是做為測量交流電壓之用。其實在第二條及第三條刻度間的三組數值是共同做為測量直流電壓(DCV)、直流電流(DCmA)及交流電壓(ACV)之用。

4.　第四條刻度：在刻度的左邊標有"h_{FE}"，右邊標有"I_C/I_B"的符號，表示本刻度是做為測量電晶體的直流電流增益之用，數值由左至右呈非線性分佈，測量時必須將範圍選擇旋鈕撥在"R×10"檔。

5.　第五條刻度：在刻度的左邊標有"I_{CEO}"及"LEAK"，右邊標有"LI"(µA、mA)的符號，表示本刻度是做為測量電晶體的反向漏電流及負載電流之用，數值由左至右均勻分佈。

6.　第六條刻度：在刻度的左右兩邊標有"LV"的符號，表示本刻度是做為測量負載電壓之用，數值由右至左均勻分佈。

7.　第七條刻度：在刻度的左右兩邊標有"dB"(分貝)的符號，表示本刻度是做為測量放大器增益之用，因吾人對聲音是隨對數比例而變化，所以採用dB來量測，本刻度是以AC10V檔而標定的，數值由－10dBm～＋22dBm。0dBm 表示在 600Ω的負載上消耗 1mW 功率(即 0.7746V)，當增益超過此

範圍則將選擇旋鈕往 AC50V 等撥，那麼指針所標示的值還要加上 20 log

(ACV 檔/10)(即實際增益為：指針增益 $+$ 20 log $\dfrac{\text{ACV 檔}}{10}$)此項增加的增益

值，一般廠商都會提供一表格，專門來說明在某一檔測量dBm值時還要再

加dBm多少才是真正的增益值，稱為增益調整表。

另外在面板的左下方有一些符號，其意義如下：

⑧ "FUSE & DIODE PROTECTION"表示電表之表頭附有變阻體當過大的電壓加於表頭兩端時，變阻體的阻抗就急遽下降，使大部份的電流流過變阻體以使電表表頭不因外加電壓的遽增而燒毀。

⑨ "DC20kΩ/V，AC8kΩ/V"表示電表在測量直流、交流電壓時，每伏特的內阻值，稱為靈敏度，此值愈大則測試值愈精確，因為測量電壓時是將測試棒與待測端點並聯，所以為了減少負載效應，測試儀表的阻抗應該愈大愈好，才不會影響電路的測試，而得到真正的值。

■ 指針式電表使用注意事項

1. 測量前必須先檢查功能選擇旋鈕切換至正確位置避免燒掉。
2. 不知測量範圍時，將功能選擇鈕切換至最大檔以確保電表安全。
3. 勿置於高溫、潮濕處以免損壞電錶中的指針彈簧。
4. 勿置於潮濕處測量電路以免漏電、電擊危險。
5. 保存時應置於 OFF 檔。
6. 電路通電時勿測電阻值以免損壞電表。
7. 通常量測電路中之電阻只能得其串並聯後的等效電阻，並不能測量其實際值。
8. 當調整電阻歸零旋鈕仍不能歸零時，表示必須更換電池，1～1K檔為2個1.5V號電池，10kΩ檔則為一個9V電池。更換時需打開電表後面的外殼才能取出電池並予以更換之，如圖2-4所示。

圖2-4　指針式電表內部

Lab 2

數位電表

①量測電容值
②量測電晶體腳位暨增益值

圖 2-5　數位電表

雙電源供應器使用說明

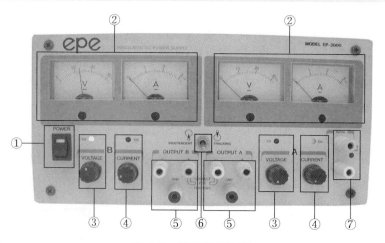

圖 2-6　雙電源供應器

　　隨著科技的發展，基礎儀器也已邁向數位儲存式的時代，但基本操作原理是不變的。使用最原始且具單一功能旋鈕的儀器來做示範講解，比較容易能讓學習者瞭解各項功能名稱所代表的意思。圖 2-6 所示為一個指針式的雙電源供應器，一為A(Master)電源供應器，另外一個為 B(Slave)電源供應器。當功能鈕置於 Tracking 時，由A(Master)電源供應器的旋鈕控制電壓的輸出，B(Slave)電源供應器的旋鈕就失去作用。電源供應器之各旋鈕名稱如下(各種廠牌、型號均大同小異)：

① 電源開關及 POWER 指示燈：由電源開關來控制電源供應器是否工作，指示燈亮表示電源供應器已在工作中(可以提供直流電壓)，指示燈熄滅表示電源供應器不工作。

② 電流表(A)及電壓表(V)：用來表示電源供應器的輸出電壓及其負載上的電流大小。一般都用類比式的電壓表及電流表，有些使用數位式顯示器來指示。

③ 電壓調整旋鈕及指示燈：這旋鈕是控制電源供應器電壓輸出的大小，此時電壓指示燈會亮，電流指示燈不亮，一般順時針旋轉時輸出電壓增大。一般常用電源供應器輸出電壓在 0V～30V。如果是雙電源供應器一定有兩組這樣的旋鈕，一組標示為主(Master)旋鈕，另一組標示為次(Slave)旋鈕。

④ 電流限制旋鈕及指示燈：此旋鈕的功能是限制負載電流超過設定範圍後，自動將輸出端切除，可以保護電源供應器本身及外接電路的安全。例：將電源供應器的輸出短路然後調整電流旋鈕至1Amp，此時即限制待測電路的最大電流值為1Amp。若負載電流超過1Amp時，電流指示燈會亮燈而電壓指示燈將熄滅且電壓會下降。設定限制電流的方法如下：

1. 調整電壓輸出旋鈕使輸出電壓為零。

2. 調整限流旋鈕逆時針轉至底。

3. 將輸出短路，此時應無電流及電壓指示(短路瞬間時，會有小小火花)。

4. 往順時針方向調整限流，調整旋鈕直到電流指示器指示到欲設定的限制電流值才停。

5. 將輸出短路拆除，已完成設定限流的工作。

⑤ 電壓輸出端子：輸出端子有"＋"和"－"及"GND"三個一組。"＋"端代表此端子對"－"端子的電壓是正，"GND"端是與外殼連在一起，一般"GND"與"－"兩端子連在一起。

Lab **2**

⑥　聯結／獨立(Tracking/Independent)的開關：
在雙電源供應器中一定有此開關，因為有些
電路需要兩組"＋"和"－"都一樣的電源來工
作。此時雙電源供應器就可以提供此一功
能。先將"GND "與"－"之接線拆除改接到
標有"Tracking"及連線符號"－"之端子，將
此開關搬到聯結(Tracking)的位置，這兩組電源就會連結在一起(主要的"－"
端連結次要的"＋"端)，輸出電壓與限制電流都由主要的(Master)控制旋鈕
來控制，而次要的(Slave)控制鈕就失去效用，若將開關搬到獨立(Independent)
的位置，則兩組電源就各自獨立了，如圖2-7所示。

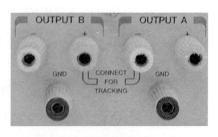

圖2-7　雙電源組接線示意圖

⑦　5V固定輸出端子：提供 D.C.5V 直流輸出電壓 3Amp 的輸出電流，對 TTL
邏輯線路的電壓提供是非常方便實用。

電源供應器使用注意事項

　　一般電源供應器，可調整其電壓及電流的輸出使得到適當的電壓和電流的供
應。電壓旋鈕調整電壓輸出，電流旋鈕為電流輸出調整。使用時應先將全部電壓和
電流旋鈕往左轉到底使一切輸出為0，以避免突然大的電壓和電流輸出，然後略旋
轉電流旋鈕使具一些電流輸出能力後再慢慢地調整電壓旋鈕至需要的電壓值。在一
切調整妥當後再接上電路。"－" 插孔則用黑色或白色線，盡量避免使用其他雜色
電線，以免不小心因極性相反燒壞電路。

　　接上電路後若電流指示燈亮起，而電壓指示針下降且電壓指示燈熄滅有兩種可
能；應立刻關掉電源，再用三用電表小心檢查電路，確定無短路後再打開電源，此
時再慢慢增加電流供應使電壓指示正常為止。其二為負載電路所需電流大於其限定
電流，此時需重新調整輸出的最大電流值。注意！一般電子電路耗電量少有超過
0.3 安培，大電路也不致超過 1 安培，所以當一直增加電流時，應有個合理值，勿
一味地增加而損壞零件。

數位型直流電源供應器

　　隨著科技的進步，電源供應器也已由傳統的類比指針式進化到數位化且有螢幕顯示輸出電壓和電流，更方便操作且有三組輸出。圖 2-8 是目前在使用的 3 組輸出的直流電源供應器(Triple Output DC Power Supply)。因為各機型的操作不盡相同且單一旋鈕有多個功能，因此儀器的操作需依廠牌型式的操作手冊進行學習。

圖 2-8　具 3 組輸出的直流電源供應器

　　為了提升課堂上的教學成效，已拍攝數位電源供應器教學影片方便學生自學。可直接掃描 QRCODE 觀看影片。

電源供應器
(使用教學)

信號產生器的使用說明

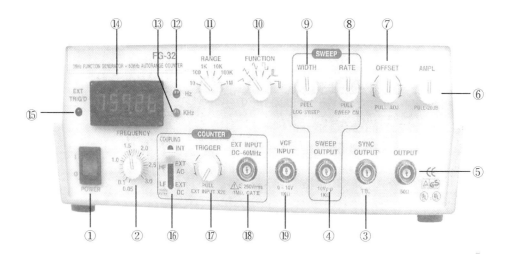

圖 2-9　FG-32 數位信號產生器

FG-32 面板標示說明與功能

#	面板標示	名稱	功能
1	POWER	電源開關	往上押開關 AC 電源,同時上方之紅色 LED 會亮,代表 ON。
2	FREQUNECY	頻率調整旋鈕	此旋鈕可依刻度指示,產生所需求之頻率
3	SYNC OUTPUT	同步輸出端	此 BNC 可輸出與主輸出端同步的方波信號,位準為 TTL 邏輯波。
4	SWEEP OUTPUT	掃描信號 基本波輸出端	此 BNC 專門送出輸出信號,不受機器是否在掃描ON/OFF狀態影響。輸出阻抗 1kΩ,固定 $10V_{p-p}$ 振幅,信號有二種選擇 LINEAR/LOG。
5	OUTPUT	主輸出端	本機最重要 BNC 端子,輸出阻抗 50Ω,最大振幅 $20V_{p-p}$(無載)。
6	AMPL PULL — 20 dB	波幅旋鈕衰減 10 倍開關	調整輸出波大小,順時針為最大,反之最小,拉出此旋鈕波幅立即衰減 10 倍。
7	OFFSET PULL ADJ	直流抵補旋鈕(直流抵補開關)	通常此旋鈕無作用,保持OFF狀態,除非配合拉起開關,順時針為正電壓,反時針為負電壓,最大抵補電壓為±10V(無載)。
8	RATE PULL SWEEP ON	掃描速率 掃描 ON/OFF 開關	順時針轉最快可達 10ms,反時針轉最慢達 5s。掃描波輸出端在 4,此時本旋鈕不受ON/OFF影響,可直接輸出;但欲控制本機信號亦同時在 5 輸出則必須拉起本旋鈕開關,調變後在 OUTPUT(5)送出掃描調變信號。
9	WIDTH PULL LOG SWEEP	掃描寬度 線性/對數掃描開關	本旋鈕必須在 SWEEP ON 狀態下才發揮功用,它控制掃描調變的寬度,順時針時寬度最大,反之最小;附屬開關為控制掃描波形態,正常為線性掃描波,拉起旋鈕為對數掃描波。
10	FUNCTION	函數波形選擇鈕	共六種波形可供選擇應用;由左邊順時針算起分別為斜波、三角波、方波、正脈波、負脈波,每次只能選擇一種輸出。

FG-32 面板標示說明與功能 (續)

#	面板標示	名稱	功能
11	RANGE	頻率範圍鈕	共分六段範圍可供選擇應用由左邊順時針算起分別為×10、×100、×1K、×10K、×100K、×1M六檔、選擇其中一種與 2 FREQUENCY 相乘的積為產生頻率。
12	Hz	單位-赫芝	由 CPU 演算後自動顯示、頻率的單位。
13	kHz	單位-仟赫芝	由 CPU 演算後自動顯示、頻率的單位。
14		紅色 LED 顯示幕	由 CPU 演算後的值以 5 位數 0.31 吋 LED 顯示讀值時請配合(12)或(13)之指示單位。
15	EXT TRIG'D	外頻觸發指示	綠色 LED 指示外頻觸發狀態；當閃爍時代表"觸發中"，當恒亮時代表觸發電壓偏正，當恒暗時代表觸發電壓偏負。
16	COUPLING INT EXT AC/HF EXT DC/LF 100kHz FILTER	計頻器耦合選擇開關 內部計頻 外部計頻／交流高頻輸入 外部計頻／直流低頻 100kHz 濾波	欲計算之頻率經由此開關選擇通過之來源。指內部產生之同步信號由此進入計頻器，結果在(14)顯示。由此開關選擇隔離直流及避開低頻諧波，而得到欲測量之高頻信號進入計頻器(電容器交連電路使用)由此選擇外部低頻信號進入本段；可濾除100kHz 以上寄生雜波使低頻信號穩定顯示(直接交連電路器使用)。
17	TRIG PULL INPUT ×20	觸發位準旋鈕	順時針可做＋2.5 觸發，反時針可做－2.5 觸發。當拉起本開關時，輸入信號(18)將被衰減 20 倍，亦因此可使計頻輸入電壓達 250 V_{rms}。
18	EXT INPUT	外部計頻輸入端	外部信號經此 BNC 進入計頻器前級放大器，輸入頻率由 0.2Hz～60MHz 最大信號不得大於 250V_{rms}。
19	VCF INPUT	VCF 輸入端	由此 BNC 輸入直流信號可控制本機產生頻率、輸入交流掃描信號則可作外部掃描功能；輸入交流正弦波則可作外部FM調變(輸入信號＜10V，輸入頻率＜1kHz)。本輸入端的輸入阻抗 1kΩ。

Lab 2

數位型函數產生器

隨著科技的進步，函數產生器也已由傳統的旋鈕式進化到數位化且有螢幕顯示輸出波形、振幅及頻率。圖 2-10 是目前在使用的數位型函數產生器(Function Generator)。因為各機型的操作不盡相同且單一旋鈕有多個功能，因此儀器的操作需依廠牌型式的操作手冊進行學習。

圖 2-10　數位型函數產生器

為了提升課堂上的教學成效，已拍攝數位型函數波形產生器教學影片方便學生自學。可直接掃描 QRCODE 觀看影片。

函數波產生器
儀器使用教學

典型雙軌示波器控制旋鈕開關使用說明

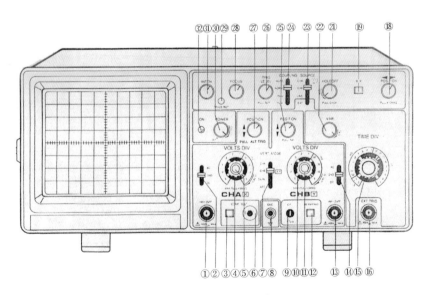

圖 2-11　典型雙軌示波器

㉚　電源(POWER)：當電源開啓，LED 發亮，指示示波器運作中。

㉛　亮度(INTENSITY)：亮度旋鈕依順時針方向旋轉，將增加顯像內部。

㉘　聚焦(FOCUS)：在適當調整亮度後，調整聚焦以獲得較清晰的畫面。

⑫　尋跡(BEAM FIND)：按下此按鈕，掃瞄軌跡會被限於螢光幕中央。

㉙　軌跡旋轉調整(TRACE ROTATION)：矯正水平基線與 CRT 格線間，因受磁場影響而產生的傾斜度。

①　通道1或 X 輸入(CH1 或 X INPUT)：通道 1 或 X 軸的 BNC 輸入接頭。

⑬　通道2或 Y 輸入(CH2 或 Y INPUT)：通道 2 或 Y 軸的 BNC 輸入接頭。

②　輸入交連開關(DC-GND-AC)：選擇 CH1 或 CH2 的輸入交連模式。

④　CH1 和 CH2 的電壓偏向係數(VOLT/DIV)：衰減 CH1 和 CH2 的輸入信號，偏向係數從 5V/DIV 到 5mV/DIV，共 10 檔，依 1-2-5 順序。

⑤　垂直偏向微調(VERT VAR)：調整係數爲面板指示值的 1/3，可連續調整。計量時，須置於 CAL 位置。拉起此旋鈕便有放大 5 倍的功能(×5MAG)。

㉕　通道2垂直位置調整(CH2 POSITION)：調整 CH2 掃瞄線垂直位置。拉起此旋鈕，CH2 波形反相。

㉗　通道1垂直位置調整(CH1 POSITION)：調整 CH1 掃瞄線垂直位置。拉起此旋鈕，便有 ALT 觸發功能。

⑦　垂直操作模式選擇開關(VERT MODE)

CH1：CH1 單軌掃描

CH2：CH2 單軌掃描(配合 X-Y 功能的操作)。

DUAL：CH1 和 CH2 交互式(ALT)雙軌掃瞄，當拉起 HOLD OFF 旋鈕，即變成切割式(CHOP)雙軌掃瞄。

ADD：量測 CH1 和 CH2 的相加信號。

㉓　觸發信號來源開關(TRIG SOURCE)

CH1：CH1的信號成爲觸發信號來源(配合 X-Y 功能，和 ALT 觸發功能操作)。

CH2：CH2 的信號成爲觸發信號來源。

LINE：AC 電源頻率的信號成爲觸發信號來源。

EXT：利用外界信號作爲觸發信號來源。

Lab 2

⑯ 外界觸發信號輸入接頭(EXT TRIG)：當觸發選擇開關㉓置於EXT位置時，觸發信號來源由此接頭加入的外界信號取得。

㉔ 觸發交連開關(TRIG COUPLE)：

AUTO：自動觸發，若無任何輸入信號，掃瞄線自動掃瞄。

NORM：手動觸發，僅在有適當的觸發信號，才能產生掃瞄。

TV-V：電視垂直頻率觸發。

TV-H：電視水平頻率觸發。

㉖ 斜率和觸發準位(SLOP AND TRIG LEVEL)：觸發準位旋鈕(TRIG LEVEL)調整適當的觸發準位，當作掃瞄起始點。正常時爲正緣觸發，拉起此旋鈕即變成負緣觸發。

㉑ 持閉時間(HOLD OFF)：調整持閉時間(不掃瞄的時間)。

⑲ MAIN-MIX-DELAY或X-Y開關：選擇主掃瞄、混合掃瞄、延遲掃瞄或X-Y掃瞄等功能。

⑮ 主掃瞄時基(MAIN TIME/DIV)：掃瞄速率從 0.2s 到 0.1μs 一共 20 檔(依1-2-5 順序)。

⑱ 水平位置(HORIZONTAL POSITION)：調整掃瞄線水平位置，拉起此旋鈕(×10 MAG)，增快10倍掃瞄速率。

⑰ 延遲掃瞄時基(DELAY TIME/DIV)：選擇延遲掃瞄的速率。

⑳ 延遲掃瞄位置(DELAY TIME POSITION)：調整所希望的延遲位置來擴展。

㉒ 時基微調(TIME BASE VAR)：提供連續的微調掃瞄至 5 倍。

③ 元件測試(COMP TEST)：可測試電容、電感、二極體、電晶體等，被測元件的測試曲線會顯示於示波器上。

⑨ 校正(CAL)：提供約1kHz 2V 方波，作爲測試棒頻率補償調整用。

⑧ 接地(GND)：示波器接地端子。

㊳ Z調變輸入(Z AXIS INPUT)：做爲外界亮度調變信號的輸入端。

㊴ 通道2信號輸入插座(AC POWER INPUT CONNCTOR)：輸入CH2 信號顯示 1DIV 時， 輸出約 100mV 的信號。

㊱ 電源選擇及保險絲(AC VOLTAGE PULG AND FUSE)：選擇適當的電源電壓位置和相對數值的保險絲。

雙軌數位儲存式示波器

隨著科技的進步，示波器也已由傳統的類比旋鈕式進化到數位儲存式示波器且彩色螢幕。圖 2-12 是目前在使用的雙軌數位儲存式示波器(Digital Oscilloscope)。因爲各機型的操作不盡相同且單一旋鈕有多個功能，因此儀器的操作需依廠牌型式的操作手冊進行學習。

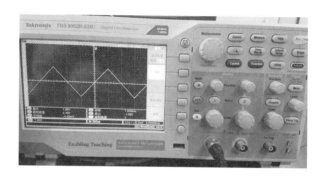

圖 2-12　雙軌數位儲存式示波器(Tektronix TBS 1052B-EDU)

爲了提升課堂上的教學成效，已拍攝數位儲存式示波器教學影片方便學生自學。可直接掃描 QRCODE 觀看影片。

數位儲存示波器儀器教學

應　用

以示波器測量信號時需使用所附的測試棒，測試棒上一般標示有×1與×10的開關，×1的意思爲所顯示的波形等於實際波形的大小；×10表示眞正電壓波形大小爲螢幕顯示值的十倍。讀者於使用前應先檢查這個地方以免造成錯誤的判斷。另外，測試棒都有一個黑色鱷魚夾，此夾於測試電路時一定要接到電路的地線上，否則所測得的資料不具任何意義。

(a) 完整圖　　　　　(b) 部份圖

圖 2-13　具×1、×10切換之測試線

Lab 2

兩點之間電壓的量測

以下這測量程序，可測量波形的峰對峰值或波形之間的任何兩點。

1. 連接待測信號到所選擇的通道(CH1 或 CH2)的輸入端，輸入交連開關 AC-GND-DC設定在AC。VOLT/DIV開關設定在適當的位置，使波形呈現適於觀測的振幅，VAR 旋鈕須置於 CAL 的位置。

2. 調整垂直位置旋鈕，使待測波形兩點之間的任一點，落在一水平格線上。

3. 調整水平位置旋鈕，使第二點落在中央垂直格線上。電壓測量如下列計算方式：

電壓＝垂直距離(DIV)×(VOLT/DIV)×測試棒比率

時間測量

以下這測量程序是用來測量波形兩點之間的時間，這兩點可以是波形的起始點和終止點。

1. 連接待測信號到所選擇的通道(CH1 或 CH2)的輸入端。設定 VOLT/DIV 和 TIME/DIV 開關於適當的位置，使信號呈現適於觀測的振幅。注意，水平 VAR 須設定於 CAL 的位置。

2. 調整垂直位置旋鈕，設定其一點(參考點)，使這點和水平的中央格線一致。調整水平位置旋鈕，使參考點落在任一垂直格線上。

3. 測量兩點之間的水平距離(至少應在 4 個 DIV 以上，才能得到較佳的準確度)，距離×TIME/DIV，便可得到兩點之間的時間，假使×10MAG 開關拉起，須使用×1/10。

時間測量如下列計算式：

時間＝水平距離×TIME/DIV(×1/l0，假如使用×10MAG)

頻率測量

頻率測量須事先測量出波形一個週期的時間，而週期的倒數便是頻率。

1. 調整示波器使顯示一個週期的波形。

2. 測量一個週期的時間，頻率計算如下列式子：

$$頻率＝\frac{1}{週期}$$

相位差測量

　　以下這測量程序是用來測量相同頻率信號的相位差：

1. 將兩信號分別接至 CH1 和 CH2，設定垂直選擇開關於雙軌跡掃描(ALT)。

2. 觸發選擇開關選擇 ALT，利用 CH1 和 CH2 的 VOLT/DIV 開關和 VAR 旋鈕，調整到兩信號的振幅大小相同。

3. 調整垂直位置旋鈕，使波形呈現在螢光幕中央。調整 TIME/DIV 旋鈕和 VAR 旋鈕，使其中之一的參考波形的週期為 8DIV 的水平距離，一個 DIV 代表相位 45°。

4. 測量相對兩點之間的水平距離(DIV)×45°即為兩信號之相位差：

　　相位差＝水平距離(DIV)×45°/DIV

例 2-1　若圖 2-14 中垂直靈敏度為 0.5V/DIV，試問波形峰對峰值為何？

解　因正峰值為水平軸 4 個刻度單位，且負峰值在水平軸下 4 個刻度，故峰對峰值為 8 個刻度，或者(8DIV)(0.5V/DIV) = 4V$_{P-P}$。

　　因示波器的水平軸代表時間，故水平靈敏度稱之為時基(Time Base)，它控制著時間刻度的變化。若調整時基鈕就相當於改變了示波器的掃描頻率。

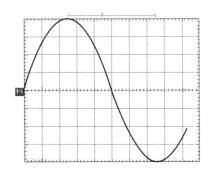

圖 2-14　交流信號電壓量測

例 **2-2** 若圖 2-15 為雙軌示波器在時基為 0.25ms/DIV 時的顯示波形。

　　(a) 試問波形頻率為何？

　　(b) 兩波形的相位差為何？

解 (a) 因兩個波形具有相同頻率；我們利用其中一個波形由負往正之點來測量
　　　其週期，由圖中可看出週期寬度為 4 個刻度，因此

$$T = (4\text{DIV})(0.25\text{ms/DIV}) = 1\text{ms}$$

$$f = \frac{1}{T} = \frac{1}{1\text{ms}} = 1\text{kHz}$$

　　(b) 為了測量波形的相位差，我們必須找出兩個波形相對應點的位置。若對
　　　波形由正變成負之點來考慮，由圖中可看出兩波形相對點間之間隔為 0.8
　　　個刻度，或

$$(0.8\text{DIV})(0.25\text{ms/DIV}) = 0.2\text{ms}$$

　　　因 $T = 1\text{ms} = 360°$，故 0.2ms 相對於：

$$\frac{\theta}{360°} = \frac{0.2\text{ms}}{1\text{ms}}$$

$$\theta = \left(\frac{0.2}{1}\right) 360° = 72°$$

　　　故峰值較大的波形超前 72°。

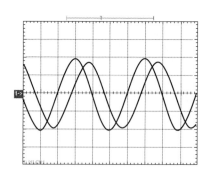

圖 2-15　交流信號頻率與相位量測

二、所需設備及材料

■ 設備表

儀器名稱	數量
指針式電表	1
雙軌示波器	1
雙電源供應器	1
信號產生器	1

■ 材料表

名　稱	代　號	規　格	數　量
電阻器	R_1	1kΩ　1/4W	1
	R_2、R_3	2kΩ　1/4W	2
	R_C	330Ω　1/4W	1
電容器	C_1	4.7μF　25V	1

三、實驗項目及步驟

項目一　指針式電表的使用

(A) 電阻器的測量

步驟 1：以指針式電表的Ω檔測量實驗報告的表 2-A 所列的電阻值並記錄於其上。此測量值將使用於後續的計算式。

步驟 2：將指針式電表專屬的紅色測試棒插入電表上標示＋的位置，而黑色的測試棒則插入標有－(COM)的位置。同時將功能選擇至Ω檔區。

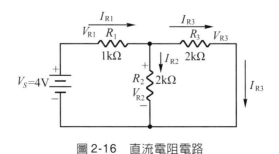

圖 2-16　直流電阻電路

Lab **2**

注意事項：

(1) 測量之前，指針式電表需作 0Ω 調整。(各型指針式電表所附之使用說明書均有詳述 0Ω 調整方法，在此不再述)

(2) 手必須握在測試棒的絕緣部份，切忌接觸測試棒的金屬部份，可參考圖 2-17。

(a) 正確測量方法 　　　　(b) 錯誤測量方法

圖 2-17

步驟 3： 依圖 2-16 所示的直流電阻電路，計算列於實驗報告的表 2-B 所要求的直流參數值並記錄於其上。

步驟 4： 依圖 2-16 所示的電路接線。在將雙電源供應器的電源打開之前，先將所有旋鈕逆時針轉到底。電源供應器電源打開後(以右半部的主電源為輸出)，將定電流旋鈕微微順時針旋轉至足以啟動電壓表的指針即可。接著順時針旋轉電壓旋鈕直到電壓錶指針為 4V 為止。再以兩端為鱷魚夾接頭，分別為紅與黑的兩條導線，紅的接＋端提供正電源端，黑的接－端提供負電源端，同時接至電路上。

步驟 5： 將三用電表的功能選擇至 DCV 檔區。為避免指針損毀(電表的表頭指針非常靈敏，擺動過大易損壞)，第一次測量時需將量測範圍先選擇最大的，再逐次改變，以確保讀值的精確。依表 2-B 所要求的直流電壓值一一測量。

步驟 6： 將三用電表的功能選擇至 DC mA 檔區。第一次測量時需將量測範圍先選擇最大的，再逐次改變，以確保讀值的精確。依表 2-B 所要求的直流電流值一一測量。

項目二 **雙電源供應器的使用**

步驟 1： 依圖 2-18 所示的直流電阻電路，計算列於實驗報告的表 2-C 所要求的直流參數值並記錄於其上。

步驟2： 依圖 2-18 所示的電路接線。利用雙電源供應器的兩組輸出，分別提供$+V_1$與$-V_2$，將"Tracking/Independent"選擇鈕設定爲 Tracking，並將V_1與$-V_2$設定爲 5V。

步驟3： 將三用電表的功能選擇至 DCV 檔區，依實驗報告的表 2-C 所列，分別量測跨於R_1、R_2和R_3的電壓值並記錄其上。

步驟4： 將V_1與$-V_2$重新設定爲 10V，重複步驟 3，以完成實驗報告的表 2-C。

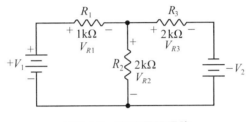

圖 2-18　直流電阻電路

項目三 **信號產生器與示波器的使用**

步驟1： 將信號產生器的電源打開取一條一邊爲 BNC 接頭，另一邊爲紅與黑的鱷魚夾的測試線，將 BNC 接頭接至信號產生器的輸出端(OUTPUT)。

步驟2： 將示波器電源打開，同時另取一條同樣的測試線，將 BNC 接頭接至示波器 CH1 的輸入端。再將鱷魚夾的紅、黑接頭分別與示波器 CH1 的信號線上鱷魚夾的紅、黑接頭連接(紅接紅，黑接黑)。先在信號產生器選擇輸出波形爲弦波，接著設定輸出頻率爲 1kHz、振幅則爲 $4V_{P-P}$，並描繪於實驗報告的圖 2-A，此爲信號源V_S。

步驟3： 依圖 2-19 所示的交流電阻電路接線，利用之前設定的信號產生器輸出做爲信號源V_S，再使用雙軌示波器的 CH1 與 CH2 分別測量信號源V_S的波形與跨於R_2上的輸出信號波形V_{R2}並描繪於實驗報告的圖 2-B，同時將其峰到峰值記錄於實驗報告的表 2-D。

步驟4： 將電路更改爲圖 2-20 所示的RC電路，重複步驟 3，但輸出波形爲跨於電容器C上的交流信號，並描繪於實驗報告的圖 2-C。同時將其峰到峰值記錄於實驗報告的表 2-E。

Lab **2**

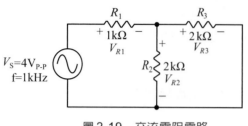

圖 2-19　交流電阻電路

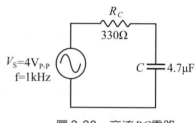

圖 2-20　交流 RC 電路

實驗 **3**

二極體特性

實驗目的

1. 學習如何使用電表檢測二極體。
2. 測量並描繪二極體的順向與逆向偏壓的 I-V 特性曲線。
3. 學習認識二極體的規格表。

一、相關知識

▌二極體特性曲線

　　圖 3-1 所示為二極體電流對電壓的曲線,曲線中的第一象限代表順向偏壓的情形。就該圖所示,順向偏壓未達障壁電壓(V_B)時的順向電流(I_F)幾乎為零。當順向偏壓接近障壁電壓(矽為 0.7V,鍺為 0.3V)後,電流開始增大。一旦順向偏壓達到障壁電壓時,電流便急驟的增大,所以必須串聯一電阻來限制它,而跨於順向偏壓二極體的電壓,會約略一直維持在其障壁電壓值,僅隨順向電流稍微增加。

　　曲線中的第三象限區域代表逆向偏壓的情形。若逆向偏壓(V_R)往左增加,在未達到崩潰電壓(V_{BR})時電流保持幾近於零。當二極體發生崩潰時,將會通過很大的逆向電流(I_R)。因此,若不加以限制逆向偏壓值,則二極體就會損壞。一般整流二極體的崩潰電壓都大於 50V,且整流二極體不能在逆向崩潰區內使用。

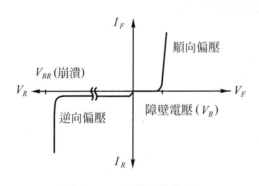

圖 3-1　二極體特性曲線

▌二極體符號

　　圖 3-2(a)為通用型二極體的電路符號及實體圖,其箭頭方向表示的是「習慣電流」,兩個端子分別為陽極和陰極,實體圖外殼上的一圈環相當於電路符號上的一短劃 (陰極),當陽極電位比陰極電位高時,二極體為順向偏壓,其電流由陽極流向陰極,如圖 3-2(b)所示。當陰極電位比陽極電位高時,二極體為逆向偏壓其電流為零(不導通),如圖 3-2(c)所示。

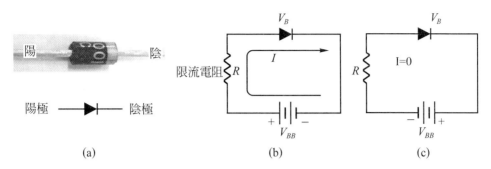

圖 3-2　　通用型二極體在順偏及逆偏的情形，電阻用來限制順向電流在安全值範
　　　　　圍：(a)符號；(b)順向偏壓；(c)逆向偏壓

二極體的近似法

　　將外加電壓之正極加於二極體的陽極，負極加於二極體的陰極，此時二極體可以導通而使電流流通，如圖 3-3(a)所示，此種使二極體呈現極低阻力而能讓電流通行的外加電壓方式，稱為順向偏壓。若將外加電壓之正極接於二極體的陰極，而將負極接於二極體的陽極，二極體就不會導通，而阻止電流流通，如圖 3-3(b)，此種使二極體的兩引線間呈現極高電阻的外加電壓方式，稱為逆向偏壓。理想二極體模型，最簡單的方式是將二極體想像成一只開關，在順向偏壓時，二極體如同閉合的開關，而逆向偏壓時則如同開啟的開關。

　　當然這種理想模型忽略了障壁電壓效應、內電阻及其他參數，可是在許多情況下已經足夠正確了，尤其是當偏壓電壓為障壁電壓十倍以上。

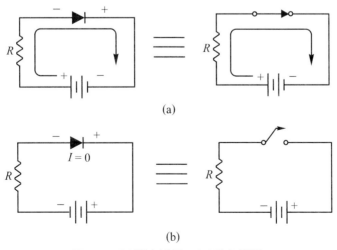

圖 3-3　(a)順向偏壓；(b)逆向偏壓

Lab 3

比理想二極體模型再更準確些的模型就是障壁電壓模型，此種近似法，其順向偏壓時二極體以一只等於障壁電壓V_B(矽0.7V，鍺0.3V)，和閉合的開關串聯起來，如圖3-4(a)，等效電池的正端朝向陽極。障壁電壓實際上無法以電壓表量出，僅在順向偏壓時才有電池的效應。當逆向偏壓時二極體則和理想二極體模型一樣，以開啟的開關表示之，因為障壁電壓不會影響逆向偏壓的情形，如圖3-4(b)。

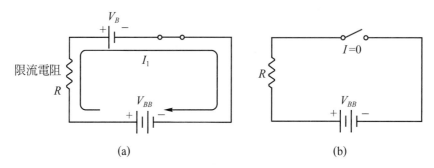

圖3-4　二極體包括障壁電壓的近似法：(a)順向偏壓；(b)逆向偏壓

峰值逆向電壓

當二極體加上逆向偏壓時，由於阻力很大，電流無法通過，因此呈現在二極體兩端的逆向電壓幾乎等於外加電壓。若把這個逆向電壓增加至某個高電壓數值，二極體就可能被破壞。二極體所能承受的峰值逆向電壓值，便是在略低於這逆向崩潰電壓點上。故在使用二極體時，一旦工作超越其耐壓(PIV值)，二極體就有損毀的危險，這是必須加以避免的。在選用二極體時不但要考慮其耐壓，而且要考慮其所能承受的最大順向電流。

認識整流二極體的規格表

IN4001 thru IN4007 1.0A PLASTIC SILICON RECTIFIER

圖3-5

使用一個電子元件，必須先從了解該元件的規格表開始。以附錄-2 的二極體規格表為例。圖3-5 表示 1N4001~1N4007 為同一系列的，其正式的英文名稱-塑膠包裝矽材質整流器。

FEATURES
- Low forward voltage
- High current capability
- Low leakage current
- High surge capability
- Low cost

圖 3-6

MECHANICAL DATA
Case: Molded plastic use UL 94V-O recognized
　　　Flame Relardant Epoxy
Terminals: Axial leads, solderable per
　　　MIL-STD-202, Method 208
Polarity: Color band denotes caihode
Mounting position: Any

圖 3-7

圖 3-6 是該元件的特徵介紹：例:如低的順向電壓、高的電流能力，低漏電流等等。

圖 3-7 介紹機械資訊與電子電路設計較無關。

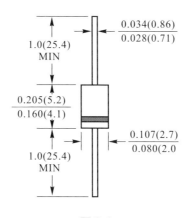

圖 3-8

圖 3-8　DO-41 指元件的包裝型號，而尺寸則與設計 PCB 時鎖孔洞徑有關。

MAXMUM RATINGS AND ELECTRICAL CHARACTERISTICS
Single-phase, half-wave, 60Hz, resistive or inductive load

	IN4001	IN4002	IN4003	IN4004	IN4005	IN4006	IN4007	UNITS
Maximum Recurrent Peak Reverse Voltage	50	100	200	400	500	800	1000	V
Maximum RMS Voltage	35	70	140	280	420	560	700	V
Maximum DC Blocking Voltage	50	100	200	400	600	800	1000	V
Maximum Average Forward* Rectified Current 3/8 lead Length at $T_A = 75\ ℃$				1.0				A

圖 3-9

圖 3-9 提供元件最大額定值及電氣特性。

Lab 3

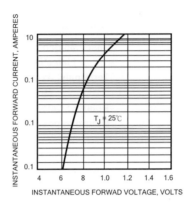

圖 3-10　二極體的典型順向特性曲線圖

▌二極體規格表

　　製造廠商將其元件的詳細資料列於規格表中(附錄-2)，以作爲應用方面的參考。典型的規格包括有最大額定、電氣特性、機構資料及可變參數的特性圖。表 3-1 列出某系列整流二極體(1N4001-1N4007)的最大額定及電氣特性，此爲二極體最大安全值，超出此值將造成元件的毀損。爲了提高可靠度及壽命，二極體總是操作在最大額定之下，通常最大額定乃指在 25℃時的操作情形，較高的溫度，需減低其額定值。

　　表 3-1 的部分參數說明如下：

　　最大連續逆向峰值電壓，在此情況，1N4001 爲 50V 而 1N4007 爲 1000V，此與 PIV 值相同。

表 3-1　最大額定值

額　　　定	符號	1N4001	1N4002	1N4003	1N4004	1N4005	1N4006	1N007	單位
最大連續逆向峰值電壓	V_{RRM}	50	100	200	400	600	800	1000	V
最大的均方根值電壓	V_{RMS}	35	70	140	280	420	560	700	V
最大的直流阻擋電壓	V_R	50	100	200	400	600	800	1000	V
平均順向電流(單相電阻性負載，$T_A = 75$℃)	I_O	1.0							A
最大過載突波電流 (突波在額定負載下加入)	I_{FSM}	50							A

二極體由於在電路上所使用的場合不同，它被冠以檢波二極體、整流二極體、開關二極體等各種不同的名稱，常用二極體及簡易規格如表 3-2 所示。

表 3-2　各種二極體及其編號

整　流　二　極　體			
編　號	規　格	編　號	規　格
1N 4001	1A　50V	1N 5400	3A　50V
1N 4002	1A　100V	1N 5401	3A　100V
1N 4003	1A　200V	1N 5402	3A　200V
1N 4004	1A　400V	1N 5403	3A　300V
1N 4005	1A　600V	1N 5404	3A　400V
1N 4006	1A　800V	1N 5405	3A　500V
1N 4007	1A　1000V	1N 5406	3A　600V
檢 波 二 極 體		開 關 二 極 體	
編　號	規　格	編　號	規　格
1N 34	50mA 60V	1N 914	75mA 100V
1N 60	50mA 35V	1N 4148	75mA 100V
OA 90	50mA 15V	1N 4448	75mA 100V

■ 以萬用電表測試二極體

指針式電表內的電池能夠對二極體作順向偏壓或逆向偏壓，讓我們可以很簡單及迅速地測試其極性，而許多數位式萬用電表亦有二極體測試檔。

要檢測二極體的順向時，電表的正測試棒接於二極體的陽極，負測試棒則接於陰極端子，方法如圖 3-11(a)。當二極體受順向偏壓時，其內電阻很低(僅約 100Ω 左右或更低)。若將電表的測試棒互換，方法如圖 3-11(b)所示，則電表內部的電池將使二極體逆向偏壓，因此將會讀到相當大的電阻值(理論上無限大)。若二種方式測試都得到低電阻值，則表示此二極體已經短路了；反之，若為二種方式均是高電阻值，則表示此二極體已經開路了。若是使用數位式電表則置於二極體測試檔的位置，若二極體為好的，則將會顯示出二極體的順向偏壓值，如圖 3-11(c)所示。

Lab **3**

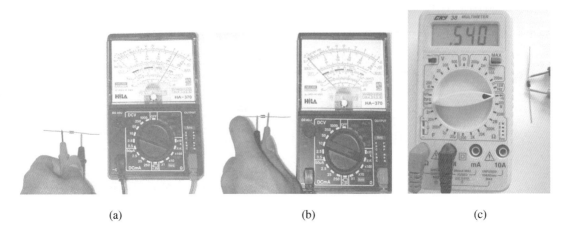

(a)   (b)   (c)

圖 3-11   二極體之檢測：(a)指針式電表(導通)；(b)指針式電表(不導通)；(c)數位式電表

二、所需設備及材料

設備表

儀器名稱	數量
指針式電表及數位電表	1
雙軌示波器	1
雙電源供應器	1

材料表

名　稱	代　號	規　格	數　量
電阻器	R_1	330Ω　1/4W	1
	R_2	1MΩ　1/4W	1
二極體	D_1	1N4001	1
	D_2	1N4007	1

陰

陽

三、實驗項目及步驟

項目一　二極體良否檢測

(A) 以指針式電表操作

步驟 1：以指針式電表 R×1K 檔檢測。順向時萬用電表的指針會大幅偏轉，而逆向時三用電表的指針不會動，才是良品。詳見圖 3-12。

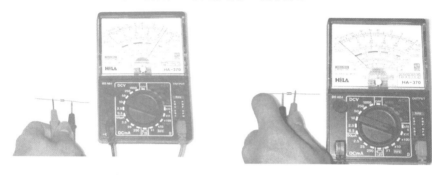

(a) 導通　　　　　　　　　　　　　　(b) 不導通

圖 3-12　指針式電表量測

步驟 2：無論順偏或逆偏檢測皆大幅偏轉，則該二極體的內部有短路故障。

步驟 3：若無論順偏或逆偏檢測，三用電表之指針皆不動，則該二極體之內部呈現斷路狀態，為不良品。

(B) 以萬用電表操作

步驟：　將數位電表的功能選擇鈕，切換至二極體位置，以數位電表測試線的紅棒接到二極體陰極，而黑棒則接到二極體的陽極，若電表有顯示數字，即為良品，如圖 3-13。

圖 3-13　數位萬用電表量測

Lab **3**

項目二 二極體阻抗測量

步驟： 準備二顆編號分別爲 1N4001 和 1N4007 的整流二極體，使用三用電表的Ω檔測量其順向阻抗與逆向阻抗，並記錄於實驗報告的表 3-A。假如這顆二極體是良好的，其順向阻抗與逆向阻抗值應有顯著大的差異。

項目三 二極體特性曲線描繪

(A) 順向偏壓部份

步驟 1： 以萬用電表的Ω檔測量實驗報告的表 3-B 所列的電阻值並記錄於其上。此測量值將使用於後續的計算式。

步驟 2： 取一顆編號爲 1N4001 的二極體依圖 3-14 所示電路接線。

步驟 3： 將電源供應器先設爲 0 伏特輸出，緩慢的增加V_S並同時監看跨於二極體的順向壓降V_D。當V_D值到達 0.4V 時，量測跨於R_1的電壓V_{R1}並記錄於實驗報告的表 3-C。

步驟 4： 重複步驟 3，並依序記錄於實驗報告的表 3-C。

步驟 5： 根據實驗報告的表 3-C 的數據，描繪二極體的順偏特性曲線於實驗報告的圖 3-A。

(B) 逆向偏壓部份

步驟 1： 將一顆編號爲 1N4001 的二極體依圖 3-15 所示的電路接線。

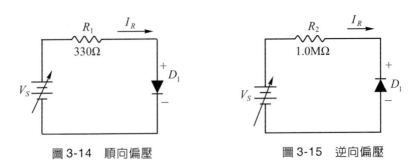

圖 3-14　順向偏壓　　　　　　　圖 3-15　逆向偏壓

步驟 2： 將電源供應器先設爲 0 伏特輸出，緩慢的增加並同時監看跨於二極體的逆向壓降V_D。當V_D值到達 5.0V 時，量測跨於R_2的電壓V_{R2}並記錄於實驗報告的表 3-D。

步驟 3： 重複步驟 2，並依序記錄於實驗報告的表 3-D。

實驗 **4**

ELECTRONICS Lab I

二極體整流電路

實驗目的

1. 瞭解半波整流、全波整流與橋式整流電路的輸入與輸出關係。
2. 瞭解如何從 110V 標準 AC 電源轉換成直流電壓。
3. 瞭解濾波電容器與上述電路的功用。

一、相關知識

　　電子系統中,電源供應器的主要目的是用來提供系統中所有元件正常操作所需的直流電壓及充分的直流電流。圖4-1所示為直流電源供應器的基本組成方塊圖,而圖4-2(a)所示為典型的室內用整流器實體外觀圖,圖4-2(b)則為整流器內部結構圖,本實驗主要目的是探討二極體在整流器的應用。

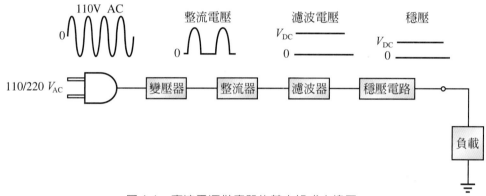

圖4-1　直流電源供應器的基本組成方塊圖

圖4-2(a)　典型的室內用整流器實體外觀圖　　　　圖4-2(b)　整流器內部結構圖

　　典型的室內用整流器均有明確標示相關的規格,如圖4-2(c)所示。包括①輸入電壓(INPUT):120VAC 60Hz 7W、②輸出電壓(OUTPUT):12VDC 300mA、③接線端子的極性:內正外負、④注意事項(CAUTION):只限室內用、⑤安全標章等。

圖 4-2(c)　典型的室內用電源供應器面板標示
(Input：120VAC/60Hz)

圖 4-2(d)　目前通用的行動裝置電源供應器面板標
示(Input：100〜240VAC)

圖 4-2(e)　各國不同型式的插座轉換頭

　　以前人們到世界各國旅遊或洽商時，對於攜帶的電器用品都會面臨兩個困擾；
(1)與當地的市電電壓不同(110VAC/60Hz 或 220VAC/50Hz)，而無法順利使用。
(2)與當地室內牆壁的電源插座型式不同。因應 3C 時代的來臨，尤其是手機與平板
電腦的普及，世界各國的 3C 大廠已達共識將常用的行動裝置使用的電源供應器的
輸入電壓統一設計成能容許 Input:100~240VAC，如圖 4-2(d)所示。至於電源插座
型式不同的問題，則可藉由攜帶萬用電源轉換頭來解決，如圖 4-2(e)所示。

▋半波輸出的平均值

　　半波整流器的直流輸出平均值，可由一個週期的輸出波形面積求得，如圖 4-3
利用積分方式計算半週的面積，然後除以整個週期。即 $V_{\text{AVG}} =$ 面積／週期 $= \dfrac{Area}{T}$ ，
V_P 為峰值電壓，T(週期)$= 2\pi$

$$V(\theta) = V_P \sin\theta$$
$$Area = \int_0^{2\pi} V(\theta)d\theta = V_P \int_0^\pi \sin(\theta)d\theta$$
$$V_{\text{AVG}} = \frac{Area}{T} = \frac{1}{2\pi} \int_0^\pi V_P \sin\theta d\theta = \frac{V_P}{2\pi}(-\cos\theta)\big|_0^\pi$$

Lab**4**

$$= \frac{V_P}{2\pi}[-\cos\pi-(-\cos 0)] = \frac{V_P}{2\pi}[-(-1)-(-1)]$$

$$= \frac{V_P}{2\pi} \ (2)$$

$$V_{\mathrm{AVG}} = \frac{V_P}{\pi}$$

由直流電表所量得的數值，即為平均值。

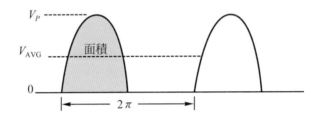

圖 4-3　半波整流器的直流輸出平均值

■ 障壁電壓對半波整流器輸出的效應

　　一般所討論的二極體，常被當成理想的二極體，若再考慮二極體的障壁電壓 (V_B)，(矽二極體，$V_B \cong 0.7$；鍺二極體，$V_B \cong 0.3$)，則其情況如下：在正半週內，輸入電壓須先克服障壁電壓，才能使二極體變成順向偏壓。對矽二極體而言，其正半週輸出波形會比原來的輸入電壓峰值小 0.7V(對鍺則小 0.3)，如圖 4-4 所示。對矽二極體峰值輸出電壓表示為：

$$V_{\mathrm{out}(p)} = V_{\mathrm{in}(p)} - 0.7\mathrm{V}$$

而對鍺二極體則為：

$$V_{\mathrm{out}(p)} = V_{\mathrm{in}(p)} - 0.3\mathrm{V}$$

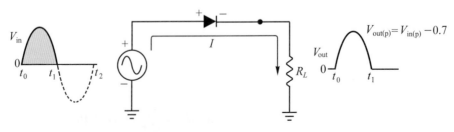

圖 4-4　考慮障壁電壓對矽二極體峰值輸出電壓的影響

▌變壓器

變壓器常用來將市電的交流電源耦合輸入至整流電路，如圖 4-5 所示，圖 4-6 為對照之實體圖(中心抽頭式)。使用耦合變壓器有兩項優點：(一)按實際需求可將電源電壓升高或降低。(二)可將交流電源與整流電路隔離，減少電擊傷害。

由交流基本電路得知，變壓器二次側輸出電壓(V_2)，等於匝數比(N_2/N_1)乘一次側輸入電壓(V_1)，如公式(4-1)所列。

$$V_2 = \left(\frac{N_2}{N_1}\right) V_1 \tag{4-1}$$

若 $N_2 > N_1$，則二次側電壓大於一次側電壓(升壓電壓器)。若 $N_2 < N_1$，則二次側電壓小於一次側電壓(降壓電壓器)。若 $N_2 = N_1$，則 $V_2 = V_1$。

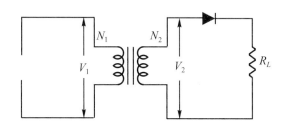

圖 4-5　變壓器耦合電路

圖 4-6　變壓器之實體圖(中心抽頭式)

▌全波整流器

雖然有部份電路應用半波整流器，但是全波整流器卻是最普遍使用於直流電源供應器，在本節你將利用已知的半波整流技巧擴展到全波整流電路，你將學習二種全波整流電路：中心抽頭式及橋式整流。

全波與半波整流的不同在於全波整流器可讓負載電阻在整個輸出週期均有單向電流通過，而半波整流器則僅有半個週期而已，即全波整流的結果為輸入波形之每半週均變成直流脈衝輸出電壓，如圖 4-7 所示。

圖 4-7　全波整流輸出／輸入波形

因為全波整流的正輸出脈波為半波整流的兩倍，因此全波整流電壓平均值為半波的兩倍，如公式(4-2)表示：

$$V_{\mathrm{AVG}} = \frac{2V_P}{\pi} \tag{4-2}$$

中心抽頭式全波整流器

中心抽頭全波整流電路，利用兩個二極體連接到中心抽頭變壓器的二次側，如圖 4-8 所示。輸入信號經變壓器耦合至中心抽頭的二次側，在中心抽頭點與二次側任一端的電壓各為二次電壓的一半。

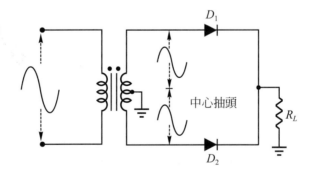

圖 4-8　中心抽頭式(CT)全波整流器

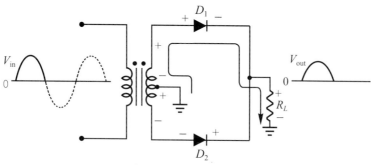

(a) 正半週時，D_1 順向偏壓 D_2 反向偏壓

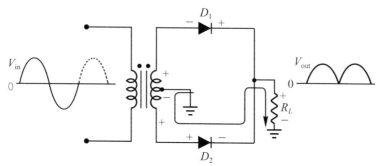

(b) 負半週時，D_2 順向偏壓 D_1 反向偏壓

圖 4-9　中心抽頭全波整流器的基本操作

　　在輸入電壓的正半週時，二次側電壓極性如圖 4-9(a)，此時上側二極體D_1受順向偏壓，而下側二極體D_2則受到逆向偏壓，其電流流經D_1與負載電阻，如所畫箭頭方向。

　　在輸入電壓的負半週時，二次側電壓極性如圖 4-9(b)，使得二極體D_1逆向偏壓，D_2則順向偏壓，其電流路經如圖所繪，流經D_2與負載電阻。

▋ 橋式全波整流器

　　橋式全波整流器需用四個二極體如圖 4-10 所示，當輸入週期為正半週時(圖(a))，D_1與D_2順向偏壓，在R_L上產生了與正半週相同的電壓，此時D_3、D_4二極體為逆向偏壓。

Lab **4**

　　當輸入週期在負半週時(圖(b))，二極體D_3、D_4為順向偏壓，並使負載電阻流過與正半週同方向的電流，在負半週內，D_1、D_2二極體逆向偏壓，因此在R_L兩端形成全波整流輸出。

　　當二次側電壓為正半週時，D_1與D_2順向偏壓，忽略二極體的壓降，則二次側電壓$V_{2(P)}$跨於負載電阻上，而在負半週則D_3、D_4順向偏壓，亦有相同結果。

$$V_{\text{out}} = V_2$$

正負半週內均有兩個二極體與負載電阻串聯，若將之考慮在內，則輸出電壓變成：

$$V_{\text{out}} = V_2 - 2V_B$$

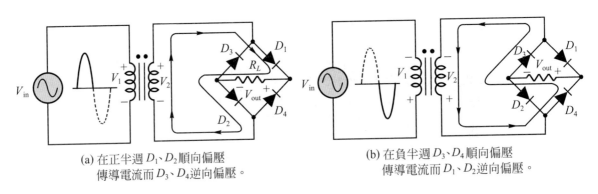

(a) 在正半週 D_1、D_2順向偏壓
　　傳導電流而D_3、D_4逆向偏壓。

(b) 在負半週 D_3、D_4順向偏壓
　　傳導電流而D_1、D_2逆向偏壓。

圖 4-10　橋式全波整流器的操作

整流濾波器

　　在許多電壓供應的應用上，常將 60Hz 的交流電壓轉換成直流電壓。轉換後的半波 60Hz 脈衝直流輸出，與 120Hz 的全波整流輸出則均需濾波，以去除其電壓的大幅度變化。圖 4-11 說明此一觀念並顯示其近乎平穩的直流輸出電壓。首先，全波整流器的輸出加到濾波器的輸入端，而在輸出得到固定準位的直流輸出。

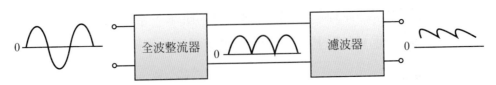

圖 4-11　整流濾波器之輸出為波形

▌ 電容濾波器

　　圖 4-12 所示為一個有電容濾波器的半波整流器，以R_L表示負載電阻。在輸入第一個四分之一週期，二極體為順偏，電容器充電到輸入峰值減去二極體壓降之值，當輸入降到峰值電壓以後，電容器維持此充電電壓使二極體逆向偏壓，在此一剩下的部份電容器經負載電阻以$R_L C$的時間常數放電，時間常數愈大，電容放電愈少。

　　再下一週期開始的正四分之一週期間，若輸入電壓超過電容電壓與二極體壓降之和，則二極體又再度成為順向偏壓。

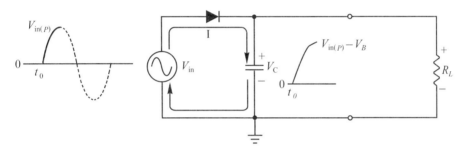

圖 4-12　電容濾波器之半波整流器

▌ 漣波電壓

　　電容器在輸入週期開始會迅速地充電，到了正向峰值後則緩緩地放電(當二極體逆向偏壓)，這種因電容充放電所引起的輸出電壓變化，稱為漣波。如圖 4-13(a)所示，漣波愈小則濾波效果愈佳。

　　對既定的輸入信號頻率而言，全波整流器的輸出頻率為半波整流器的兩倍，這使全波整流器比較易於濾波(如圖 4-13(b)所示)。在濾波時，同樣的負載電阻與電容值，全波整流電壓的漣波會小於半波整流，原因是全波整流器二脈波間時間較短，電容器放電較少。

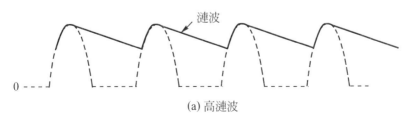

(a) 高漣波

圖 4-13　半波整流的漣波電壓

Lab **4**

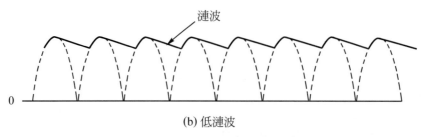

(b) 低漣波

圖 4-13　半波整流的漣波電壓(續)

漣波因數

漣波因數(r)為濾波器的效率指標，其定義如下：

$$r = \frac{V_{r\text{(P-P)}}}{V_{DC}}$$

V_r為漣波電壓有效值，而V_{DC}為濾波輸出電壓的直流(平均)值，如圖 4-14。漣波因數愈低則濾波器愈佳。漣波因數可由增大濾波電容器而減少。

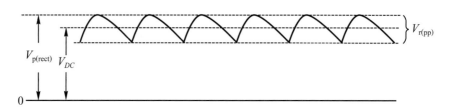

圖 4-14　V_r和V_{DC}決定漣波因數

全波整流器若有夠大的輸入電容濾波電路，其直流輸出V_{DC}則接近於峰值輸入電壓，而V_r與V_{DC}可以由下列式子推導出來：

當濾波電容器經由負載電阻R_L放電(圖 4-15)

$$v_c = V_{P\text{(rect)}}\, e^{-t/R_L C}$$

由於電容器的放電時間是由一個峰值到另一個峰值，當V_C達到其最小值，

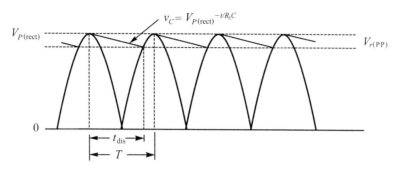

圖 4-15　漣波因數

$$t_{dis} \cong T$$

$$v_{c(\min)} = V_{p(rect)} e^{-T/R_L C}$$

由於 $RC \gg T$，$\dfrac{1}{R_L C}$ 極小於 1；因此 $e^{-\frac{T}{R_L C}} = 1$，且可表示為

$$e^{-T/RC} \cong 1 - \frac{T}{R_L C}$$

因此
$$v_{c(\min)} = V_{p(rect)} \left(1 - \frac{T}{R_L C}\right)$$

漣波電壓的峰對峰值為

$$V_{r(\text{p-p})} = V_{p(rect)} - V_{c(\min)} = V_{P(rect)} - V_{p(rect)} + \frac{V_{p(rect)} T}{R_L C}$$

$$= \frac{V_{p(rect)} T}{R_L C}$$

$$V_{r(\text{p-p})} \cong \left(\frac{1}{f R_L C}\right) V_{p(rect)}$$

為獲得直流值，取漣波電壓峰對峰值的一半

$$V_{DC} = V_{p(rect)} - \frac{V_{r(\text{p-p})}}{2} = V_{p(rect)} - \left(\frac{1}{2 f R_L C}\right) V_{p(rect)}$$

$$V_{DC} = \left(1 - \frac{1}{2 f R_L C}\right) V_{p(rect)}$$

上式 $V_{p(rect)}$ 為加在濾波器的峰值整流電壓。

Lab **4**

二、所需設備及材料

設備表

儀器名稱	數量
萬用電表	1
雙軌示波器	1
雙電源供應器	1

材料表

名　　　稱	代　號	規　　格	數量
電阻器	R_L	2.2kΩ 1/4W	1
二極體	D_1，D_2	1N4001	2
中心抽頭式變壓器	PT-5	110V 對 6-0-6V	1
電解電容器	C_1	100μF 25V	1
橋式整流器	2W10	2A 1000V	1

橋式整流器

三、實驗項目及步驟

　　因應線上教學的需求，在網路上找到一個免費的應用程式，TinkerCAD。可在電腦上模擬麵包板插電子元件及接上量測儀器，包括電源供應器、函數波形產生器和示波器。為了提升課堂上的教學成效，已拍攝 TinkerCAD 教學影片方便學生自學。可直接掃描 QRCODE 觀看影片。

TinkerCAD
簡易介紹

項目一　半波整流器

(A-1) 無濾波電容器(以中心抽頭變壓器進行實驗)

步驟 1：*A* 取一中心抽頭式的變壓器依圖 4-16(a)所示的半波整流電路接線。(注意：變壓器的輸入端與市電交流 110V，60Hz 間最好接一保險絲，如圖 4-16(b)。另需注意二極體的極性。

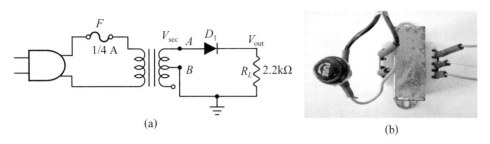

圖 4-16　(a)半波整流電路；(b)加保險絲之中心抽頭式變壓器

步驟 2：使用雙軌示波器的 CH1 量測變壓器二次側的輸出電壓 V_{sec}，同時使用示波器的 CH2 測量負載電阻 R_L 的輸出波形 V_{out} 並描繪於實驗報告的圖 4-A。

步驟 3：將示波器 CH1 的變壓器二次側電壓 $V_{sec(P)}$ 轉換為均方根值 $\left(V_{rms} = \dfrac{V_{sec(P)}}{\sqrt{2}} \right)$，同時量測輸出波形的頻率並記錄於實驗報告的表 4-A。負載輸出電壓則記錄其峰值。

(A-2) 無濾波電容器(以信號產生器代替變壓器進行實驗)

　　考量學生操作之安全性，在此提供一個簡單且較為安全之操作方式，在圖 4-16 (a)的 A 和 B 兩個端點以信號產生器代替變壓器。由信號產生器提供一個峰對峰 12V 且頻率為 60Hz 之正弦波信號，其餘步驟皆相同。

(B) 有濾波電容器

步驟 1：前述電路的脈衝輸出波形在實用上並不理想，因此可在負載電阻 R_L 上並聯一個 100μF 的濾波電容器如圖 4-17 所示，以改善上述情形。要注意電容器的正負極性。

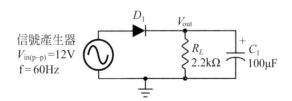

圖 4-17　有濾波的半波整流電路

步驟 2：依實驗報告的表 4-A 所要求的做適當的測量。測量輸出端的直流負載電壓 $V_{OUT(DC)}$ 時，需將示波器的輸入耦合選擇"AC-GND-DC"設為"DC 耦合"，將其波形描繪於實驗報告的圖 4-B。要測量漣波電壓 $V_{r(p-p)}$ 的波形時，需將示波器

Lab **4**

的輸入選擇設為"AC 耦合"。如此可將較大的直流準位阻隔，同時可允許將微小的交流漣波電壓放大以便觀察。

項目二 全波整流器

附註：

因示波器與全波電路之間無法找到有效的共通點，故本項目無法以信號產生器代替變壓器。

(A) 無濾波電容器(以中心抽頭變壓器進行實驗)

步驟1：將市電交流 110V 60Hz 電源拔掉，再增加一個 1N4001 的二極體，依圖 4-18 所示的電路接線即可變成一個全波整流電路。

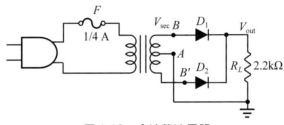

圖 4-18   全波整流電路

步驟2：使用雙軌示波器的 CH1 量測變壓器二次側的輸出電壓(B-A 間端點電壓)，同時使用 CH2 量測B'-A間端點電壓並將兩者波形分別描繪於實驗報告的圖 4-C。

步驟3：將示波器CH1 的變壓器二次側電壓$V_{\text{sec}(P)}$轉換為均方根值$\left(V_{\text{rms}} = \dfrac{V_{\text{sec}(P)}}{\sqrt{2}}\right)$，並記錄於實驗報告的表 4-B。

步驟4：計算預期的輸出峰值電壓。使用雙軌示波器的 CH1 量測負載輸出波形V_{out}並描繪於實驗報告的圖 4-D。同時量測輸出波形的頻率並記錄於實驗報告的表 4-B。負載輸出電壓則記錄其峰值。

(B) 有濾波電容器

步驟1：如半波整流電路，前述電路的輸出仍不符實用，因此可在負載電阻R_L上並聯一個 100μF 的濾波電容器，以改善上述情形。

步驟2：依實驗報告的表 4-B 所要求的做適當的測量。量測輸出端的直流負載電壓$V_{\text{out(DC)}}$時，需將示波器的輸入耦合選擇"AC-GND-DC"設為"DC 耦合"，將其波形描繪於實驗報告的圖 4-E。

項目三 橋式全波整流器

(A-1) 無濾波電容器(以中心抽頭變壓器進行實驗)

步驟 1： 將市電交流 110V 60Hz 電源拔掉，用一個橋式整流器，依圖 4-19 所示的電路接線即可變成一個全波整流電路。**注意：此電路的接地點與之前整流電路並不相同且其與儀器的接地是不同的，因此操作示波器時要特別小心。絕對不可同時使用 CH1 和 CH2 兩個通道。都只使用 CH1 分別量測。**

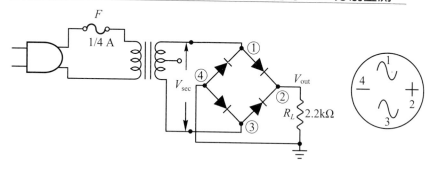

圖 4-19　橋式整流電路

附註：

　　最近幾年電子材料在台灣生產的越來越少，供應商幾乎都透過淘寶網採購。因價格競爭，產品品質低落，常有不良品。為減低學生在實驗進行中的挫折感，建議先利用指針式三用電表檢測橋式整流器之好壞，檢測方式如下：

1. 先用黑棒碰觸整流器④號腳位，再用紅棒碰觸整流器②號腳位，可從三用電表看到指針偏轉，代表全部二極體正常導通。

2. 將步驟 1 紅黑棒碰觸位置對調，可從三用電表看到指針並未偏轉，代表二極體功能正常，若指針偏轉，代表內部有二極體損壞。

步驟 2： 以示波器上的 CH1 分別測量變壓器二次側電壓 V_{sec} 和負載輸出波形 V_{out} (兩者須單獨測量)，並將波形分別描繪於實驗報告的圖 4-F 和圖 4-G。(因為 CH1 與 CH2 的接地點不同，不可同時測量輸入與輸出)

步驟 3： 將示波器 CH1 測量的變壓器二次側電壓 V_{sec} 轉換為均方根值 $\left(V_{rms} = \dfrac{V_{sec(P)}}{\sqrt{2}} \right)$ 同時量測輸出 V_{out} 波形的頻率並記錄於實驗報告的表 4-C，負載輸出電壓則記錄其峰值。

Lab **4**

(A-2) 無濾波電容器(以信號產生器代替變壓器進行實驗)

考量學生操作之安全性，在此提供一個簡單且較為安全之操作方式。在圖 4-19 橋式整流電路的①和③兩個端點以信號產生器代替變壓器。由信號產生器提供一個峰對峰 12V 且頻率為 60Hz 之正弦波信號，其餘步驟皆相同，如圖 4-20 所示。

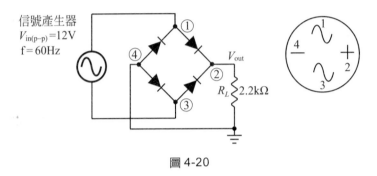

圖 4-20

(B) 有濾波電容器

步驟 1：如半波整流電路，前述電路的輸出仍不符實用，因此可在負載電阻 R_L 上並聯一個 100μF 的濾波電容器，以改善上述情形。

步驟 2：依實驗報告的表 4-C 所要求的做適當的測量。量測輸出端的直流負載電壓 $V_{OUT(DC)}$ 時，需將示波器的輸入耦合選擇"AC-GND-DC"設為"DC 耦合"，將其波形描繪於實驗報告的圖 4-H。

ELECTRONICS Lab I

截波電路與箝位電路

實驗目的

1. 瞭解何謂截波電路與箝位電路及其差異。

2. 能預測一個直流偏壓對箝位電路之影響。

一、相關知識

截波電路

　　圖 5-1 為二極體截波電路，以限制正向輸入。當輸入電壓信號變正時，二極體順向偏壓。由於陰極位於低電位(0V)，其陽極不能超過 0.7V(假設為矽二極體)，因此 A 端點在輸入信號大於 0.7V 時被限制住了。

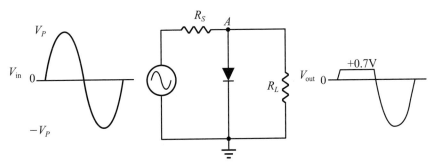

圖 5-1　截波電路(限制正向輸入)

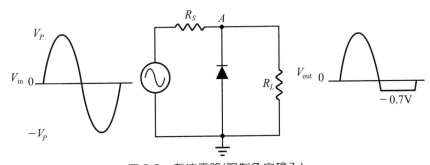

圖 5-2　截波電路(限制負向輸入)

　　當輸入信號低於 0.7V 時，二極體逆向偏壓形成開路，輸出電壓看起來與反相的輸入信號相像，但其大小則視 R_S 和 R_L 的分壓而定，計算如下：

$$V_{out} = \left(\frac{R_L}{R_S + R_L}\right) V_{in}$$

　　圖 5-2 的電路中則將二極體反向，其負向輸入信號被截斷。當二極體在負向輸入信號時順向偏壓，使 A 端點因二極體的壓降而維持在 -0.7V。當輸入信號大於 -0.7V 時，二極體不再順向偏壓，而負載 R_L 則依分壓關係比例於輸入電壓。

▌調整限制位準

　　限制信號電壓的位準，可由外加偏壓電壓與二極體串聯來調整，如圖 5-3。A 端點的電壓必須大於 V_{BB} + 0.7V，才能使二極體導通。一旦二極體導通後 A 端點的輸出即維持在 V_{BB} + 0.7V，使高於該值的輸入電壓均截斷。

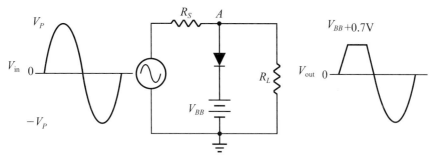

圖 5-3　截波電路外加偏壓調整限制位準

　　截波電路的一個典型應用是在避免射頻發射器的語音信號放大的過度驅動，如圖 5-4。過度驅動的發射器會產生寄生的射頻信號，也因而會造成干擾其他電台。

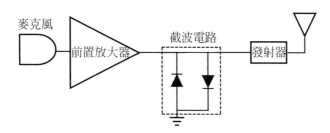

圖 5-4　截波電路之應用電路

　　截波電路依二極體與輸出端的串聯或並聯、有沒有加偏壓及順向偏壓或反向偏壓可概分為以下幾種：(圖 5-5 以下所討論的動作原理皆將二極體理想化)

(一) 加順向偏壓的串聯正截波器

1.　電路結構與輸入／輸出波形如圖 5-5(A)所示。

2.　動作原理：

　(1)　$V_{AB} = V_i - V_1$。(忽略二極體順向壓降)

　(2)　當 $V_{AB} > 0$，即 $V_i > V_1$，D_1 OFF，$V_o = 0$。

　(3)　當 $V_{AB} < 0$，即 $V_i < V_1$，D_1 ON，$V_o = V_{AB} = V_i - V_1$。

　(4)　所以輸入在 V_1 位準以上的波形被截去而沒有輸出。

Lab **5**

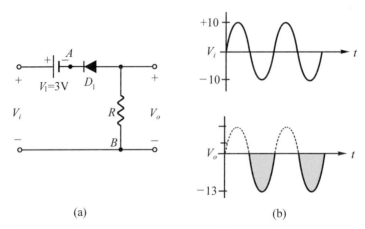

(a)   (b)

圖 5-5(A) 加順向偏壓串聯正截波器：(a)電路；(b)輸出波形

(二) 加順向偏壓的串聯負截波器

1. 電路結構與輸入／輸出波形如圖 5-5(B)所示。

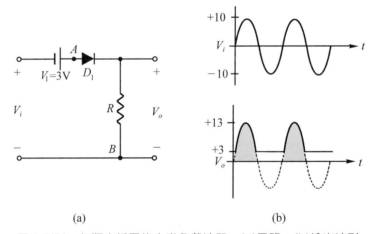

(a)   (b)

圖 5-5(B) 加順向偏壓的串聯負截波器：(a)電路；(b)輸出波形

2. 動作原理：

(1) $V_{AB} = V_i + V_1$。

(2) 當 $V_{AB} > 0$，即 $V_i > -V_1$，D_1 ON，$V_o = V_{AB} = V_i + V_1$。

(3) 當 $V_{AB} < 0$，即 $V_i < -V_1$，D_1 OFF，$V_o = 0$。

(4) 所以輸入在 V_1 位準以下的波形被截去而沒有輸出。

(三) 加反向偏壓的串聯正截波器

1. 電路結構與輸入／輸出波形如圖 5-5(C)所示。

2. 動作原理：

(1)　$V_{AB} = V_i + V_1$。

(2)　當 $V_{AB} > 0$，即 $V_i > -V_1$，D_1 OFF，$V_o = 0$。

(3)　當 $V_{AB} < 0$，即 $V_i < -V_1$，D_1 ON，$V_o = V_{AB} = V_i + V_1$。

(4)　所以輸入在 V_1 位準以上的波形被截去而沒有輸出。

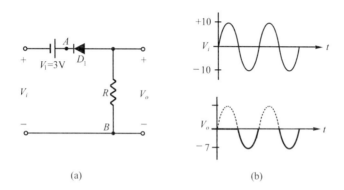

(a)　　　　　　　　　　　　　(b)

圖 5-5(C)　加反向偏壓的串聯正截波器：(a)電路；(b)輸出波形

(四) 加反向偏壓的並聯正截波器

1. 電路結構與輸入／輸出波形如圖 5-5(D)所示。

2. 動作原理：

(1)　$V_{AB} = V_i - V_1$。

(2)　當 $V_{AB} > 0$，即 $V_i > V_1$，D_1 ON，$V_o = V_1$。

(3)　當 $V_{AB} < 0$，即 $V_i < V_1$，D_1 OFF，$V_o = V_i$。

(4)　所以輸入在 V_1 位準以上的波形被截去而沒有輸出。

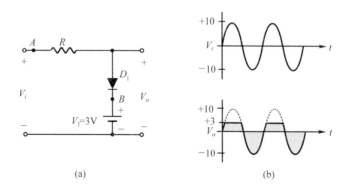

(a)　　　　　　　　　　　　　(b)

圖 5-5(D)　加反向偏壓的並聯正截波器：(a)電路；(b)輸出波形

Lab **5**

(五)　加反向偏壓的並聯負截波器

1.　電路結構與輸入／輸出波形如圖 5-5(E)所示。

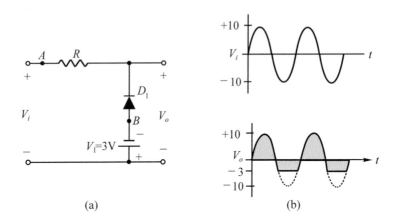

(a)　　　　　　　　　　　　　　　(b)

圖 5-5(E)　加反向偏壓的並聯負截波器：(a)電路；(b)輸出波形

2.　動作原理：

(1)　$V_{AB} = V_i + V_1$。

(2)　當 $V_{AB} > 0$，即 $V_i > -V_1$，D_1 OFF，$V_o = V_i$。

(3)　當 $V_{AB} < 0$，即 $V_i < -V_1$，D_1 ON，$V_o = -V_1$。

(4)　所以輸入在 $-V_1$ 位準以下的波形被截去而沒有輸出。

(六) 加順向偏壓的並聯正截波器

1.　電路結構與輸入／輸出波形如圖 5-5(F)所示。

2.　動作原理：

(1)　$V_{AB} = V_i + V_1$。

(2)　當 $V_{AB} > 0$，即 $V_i > -V_1$，D_1 ON，$V_o = V_1$。

(3)　當 $V_{AB} < 0$，即 $V_i < -V_1$，D_1 OFF，$V_o = V_i$。

(4)　所以輸入在 $-V_1$ 位準以上的波形被截去而沒有輸出。

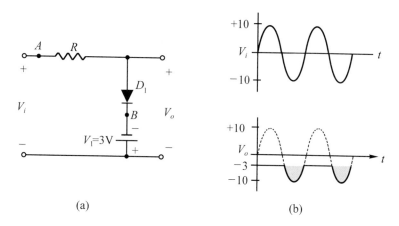

(a)　　　　　　　　　　(b)

圖 5-5(F)　加順向偏壓的並聯正截波器：(a)電路；(b)輸出波形

(七)　加順向偏壓的並聯負截波器

1.　電路結構與輸入／輸出波形如圖 5-5(G)所示。

2.　動作原理：

(1)　$V_{AB} = V_i - V_1$。

(2)　當 $V_{AB} > 0$，即 $V_i > V_1$，D_1 OFF，$V_o = V_i$。

(3)　當 $V_{AB} < 0$，即 $V_i < V_1$，D_1 ON，$V_o = V_1$。

(4)　所以輸入在 V_1 位準以下的波形被截去而沒有輸出。

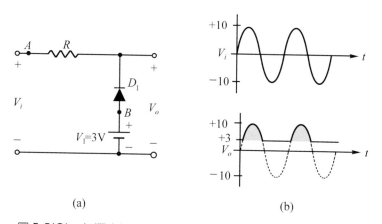

(a)　　　　　　　　　　(b)

圖 5-5(G)　加順向偏壓的並聯負截波器：(a)電路；(b)輸出波形

Lab **5**

▌箝位電路

　　箝位電路的目的是在交流信號上加上直流位準，有時稱為直流重置器(DC restorer)。圖 5-6(a)所示為一個直流正位準二極體箝位器，此電路動作由輸入電壓的第一個負半週考慮起，當輸入開始變負時，由於二極體順向偏壓使電容器充電至輸入的峰值($V_{\text{in}(P)} - 0.7\text{V}$)，如圖 5-6(a)。過了負峰值後二極體立即變成逆向偏壓，這是由於其陽極被電容器維持在 $V_{\text{in}(P)} - 0.7\text{V}$ 附近。

　　電容器僅能由負載電阻 R_L 徐徐放電，所以由前一個負峰值到下一個，電容器放電很少，其放電量由 R_L 決定，若要有較好的定位效應，其 RC 時間常數至少要大於十倍的輸入信號週期。

　　箝位的結果是電容維持在輸入的峰值減去二極體的壓降附近，電容器的電壓就如同一個與交流輸入信號串聯的電池，如圖 5-6(b)，因此直流電容器電壓與交流輸入信號電壓重疊，如圖 5-6(c)。

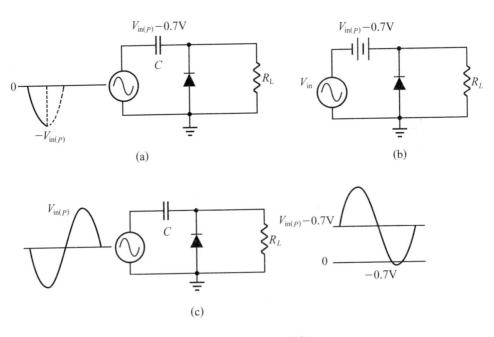

圖 5-6　正向箝位電路

　　若將二極體倒置如圖 5-7，則變成負直流電壓加到交流輸入信號上。

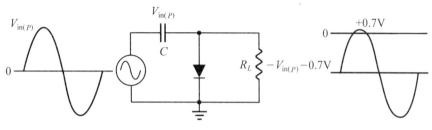

圖 5-7　負向箝位電路

　　箝位電路的其中一種應用是做為電視機的發射與接收電路中的直流重置器。一個NTSC系統的訊號包括影像和同步化脈衝。混合影像的問題是它的平均直流準位會跟隨著畫面明亮/黑暗而變動。影像本身是變動的，然而同步脈衝必須達到100%的高峰。為避免同步脈衝信號因畫面更動而漂移，一個直流重置器箝制住同步脈衝能對應於一定電壓準位以便達到100%發射調變。

　　箝位器依波形在參考準位而分為正箝位器(輸出信號都在參考電壓以上)及負箝位器(輸出信號都在參考電壓以下)等兩種。圖5-8以下所討論的動作原理係將二極體、電容器和直流偏壓等理想化且 $f \geq \dfrac{1}{100RC}$。

(一) 簡單的正箝位器

1.　電路結構與輸入／輸出波形如圖 5-7(A)所示。

2.　動作原理：

　(1)　當 $V_i = -V$ 時，經二極體向 C 充電至 V。

　(2)　當 $V_i = +V$ 時，$V_o = +V + V_c = +2\text{V}$。

　(3)　當 $V_i = -V$ 時，$V_o = -V + V_c = 0\text{V}$。

　　　當 $V_i = +V$ 時，$V_o = V + V_c = +2\text{V}$。

　(4)　所以輸入波形被定位在 0 準位以上。

Lab **5**

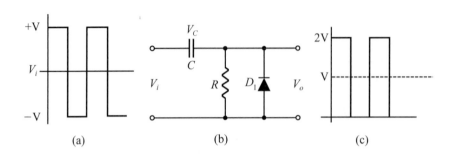

圖 5-8A　(a)輸入：交流方波；(b)V_c充電＋ V；(c)輸出波形

(二) 簡單的負箝位器

1. 電路結構與輸入／輸出波形如圖 5-8(B)所示。

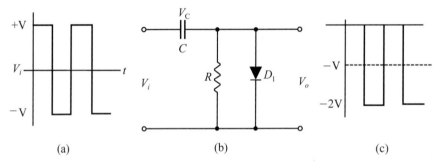

圖 5-8B　(a)輸入：交流方波；(b)V_c充電－ V；(c)輸出波形

2. 動作原理：

(1) 當$V_i＝＋V$時，經二極體向C充電至$-V$。

(2) 當$V_i＝-V$時，$V_o＝-V＋V_c＝-2\text{V}$。

(3) 當$V_i＝＋V$時，$V_o＝V＋V_c＝0\text{V}$。

(4) 當$V_i＝-V$時，$V_o＝-V＋V_c＝-2\text{V}$。

(5) 所以輸入波形被定位在 0 準位以下。

(三) 加順向偏壓的正箝位器

1. 電路結構與輸入／輸出波形如圖 5-8(C)所示。

2. 動作原理：

(1) 當$V_i＝-V$時，經二極體向C充電至$V＋V_1$。

(2) 當$V_i＝＋V$時，$V_o＝V＋V_c＝2V＋V_1$。

(3) 當$V_i＝-V$時，$V_o＝-V＋V_c＝V_1$。

(4)　當 $V_i = +V$ 時，$V_o = V + V_c = 2V + V_1$。

(5)　所以輸入波形被定位在 V_1 準位以上。

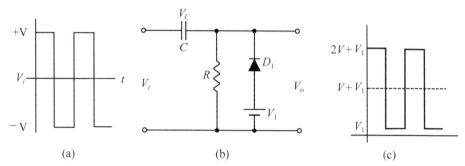

圖 5-8C　(a)輸入：交流方波；(b)V_c 充電 $+V+V_1$；(c)輸出波形

(四) 加順向偏壓的負箝位器

1.　電路結構與輸入／輸出波形如圖 5-8(D)所示。

2.　動作原理：

(1)　當 $V_i = +V$ 時，經二極體向 C 充電至 $-(V + V_1)$。

(2)　當 $V_i = -V$ 時，$V_o = -V + V_c = -(2V + V_1)$。

(3)　當 $V_i = +V$ 時，$V_o = V + V_c = -V_1$。

(4)　當 $V_i = -V$ 時，$V_o = -V + V_c = -(2V + V_1)$。

(5)　所以輸入波形被定位在 $-V_1$ 準位以下。

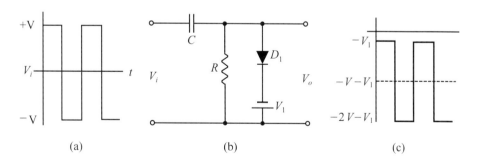

圖 5-8D　(a)輸入：交流方波；(b)V_c 充電 $-V-V_1$；(c)輸出波形

Lab **5**

(五) 加反向偏壓的正箝位器

1. 電路結構與輸入／輸出波形如圖 5-8(E)所示。

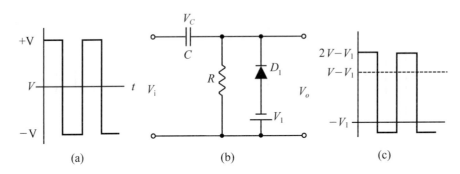

圖 5-8E (a)輸入：交流方波；(b)V_c充電$V-V_1$；(c)輸出波形

2. 動作原理：

(1) 當$V_i = -V$時，經二極體向C充電至$V-V_1$。

(2) 當$V_i = V$時，$V_o = V + V_C = -2V - V_1$。

(3) 當$V_i = -V$時，$V_o = -V + V_C = -V_1$。

(4) 當$V_i = V$時，$V_o = V + V_C = 2V - V_1$。

(5) 所以輸入波形被定位在$-V_1$準位以上。

(六) 加反向偏壓的負箝位器

1. 電路結構與輸入／輸出波形如圖 5-8(F)所示。

2. 動作原理：

(1) 當$V_i = +V$時，經二極體向C充電至$-(V-V_1)$。

(2) 當$V_i = -V$時，$V_o = -V + V_C = -(2V - V_1)$。

(3) 當$V_i = +V$時，$V_o = V + V_C = V_1$。

(4) 當$V_i = -V$時，$V_o = -V + V_C = -(2V - V_1)$。

(5) 所以輸入波形被定位在V_1準位以下。

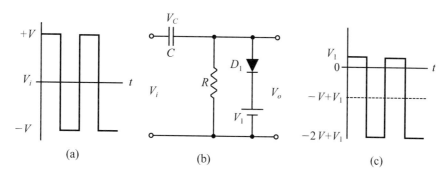

圖 5-8F　(a)輸入：交流方波；(b)V_C充電$-V+V_1$；(c)輸出波形

二、所需設備及材料

設備表

儀器名稱	數量
萬用電表	1
雙軌示波器	1
雙電源供應器	1
信號產生器	1

截波電路材料表

名　稱	代　號	規　格	數　量
電阻器	R_A	1kΩ 1/4W	1
電容器	C_1	4.7μF 25V	1
二極體	D_1，D_2	1N4001	2

Lab 5

箝位電路材料表

名　稱	代　號	規　格	數　量
電阻器	R_B	500kΩ 1/4W	1
電容器	C_1	4.7μF　25V	1
二極體	D_1	1N4001	1

三、實驗項目及步驟

項目一 截波電路

(A) 串、並聯截波電路

步驟 1：取一顆編號為 1N4001 的二極體,依圖 5-9 所示的串聯截波電路接線。(須注意二極體的極性:有一橫條紋的為陰極端。)

步驟 2：由信號產生器來提供振幅為 6 $V_{p\text{-}p}$ 且頻率為 1.0kHz 的弦波做為電路的輸入信號,可利用示波器觀察其波形振幅與週期。使用雙軌示波器的 CH1 量測交流輸入信號波形 V_{in},將其波形描繪於實驗報告的圖 5-A。而示波器的 CH2 則接至輸出負載電阻上,將其波形描繪於實驗報告的圖 5-B 上。

步驟 3：將二極體重新接線如圖 5-10,仿步驟 2 的作法,測量其輸出波形 V_o 並描繪於實驗報告的圖 5-C 上。

步驟 4：將圖 5-10 的電路再串聯一個直流電壓源的正端至二極體的陰極端如圖 5-11 所示。仿步驟 2 的作法,測量其輸出波形 V_o 並描繪於實驗報告的圖 5-D 上。

步驟 5：將圖 5-11 的二極體倒置,如圖 5-12 所示。再仿步驟 2 的作法,測量其輸出波形 V_o 並描繪於實驗報告的圖 5-E 上。

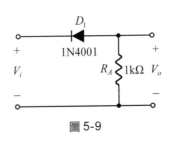

圖 5-9

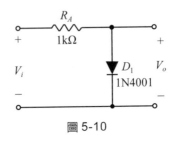

圖 5-10

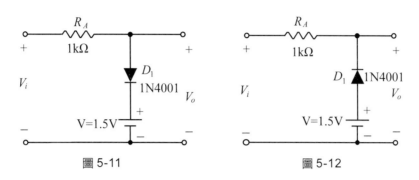

圖 5-11　　　　　　　　　　　圖 5-12

(B) 雙截波電路

步驟：　取二顆編號爲 1N4001 的二極體，依圖 5-13 所示的雙截波電路接線。(須注意二極體與直流電壓源的極性接法。) 利用電源供應器的輸出，分別提供＋1.5V與－1.5V，並將"Tracking/Independent"選擇鈕設定爲"Tracking"。仿串、並聯截波電路步驟 2 的作法，測量其輸出波形 V_o 並描繪於實驗報告的圖 5-F 上。

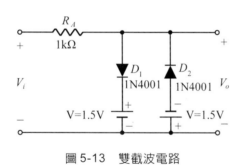

圖 5-13　雙截波電路

項目二　箝位電路

(A) 正箝位電路

步驟 1：　取一顆編號爲 1N4001 的二極體，依圖 5-14 所示的正箝位電路接線。(須注意電容器與二極體的極性；電解電容器：長腳爲＋，二極體有一橫條紋的爲陰極端。)

步驟 2：　由信號產生器來提供一個－2V 至＋6V 且頻率爲 1.0kHz 的方波做爲電路的輸入信號。(可參考 DC 補償的操作說明。) 連接雙軌示波器的 CH1 至輸入端 V_i，將其波形描繪於實驗報告的圖 5-G。而示波器的 CH2 則接至輸出端，同時將示波器的"AC-GND-DC"選擇設定爲"DC"耦合並觀察其輸出電壓。將結果描繪於實驗報告的圖 5-H 上，並將直流準位標示清楚。

Lab **5**

DC 補償說明

　　在傳統的信號產生器上有個旋鈕名稱為DC OFFSET，此旋鈕要拉起才產生功能，當拉起調整時，信號產生器可輸出正負半週大小不同的波形，但V_{P-P}與原先未調整的一模一樣。以下是 D.C. OFFSET 的例子：(如果使用 MOTECH FG-506 信號產生器，則需先在"Sub Func"功能鍵選擇 DC OFFSET，同時選擇 ON，再調整 DC OFFSET 旋鈕。)

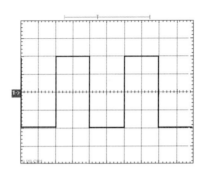

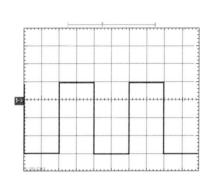

OFFSET 使用前
$+V_P = 10V$，$-V_P = -10V$，
$V_{P-P} = 20V$

OFFSET 使用後
$+V_P = 5V$，$-V_P = -15V$，
$V_{P-P} = 20V$

步驟 3：利用電源供應器來提供一個直流電壓到二極體的陽極端如圖 5-15 所示。仿步驟 2 的作法，測量其輸出波形V_o並描繪於實驗報告的圖 5-I 上，且將直流準位標示清楚。

(B) 負箝位電路

步驟 1：將圖 5-15 的直流電壓源極性反接，如圖 5-16 所示。仿正箝位電路步驟 2 的作法，測量其輸出波形V_o並描繪於實驗報告的圖 5-J 上，且將直流準位標示清楚。

步驟 2：將圖 5-16 的二極體極性反接，如圖 5-17 所示。仿正箝位電路步驟 2 的作法，測量其輸出波形V_o並描繪於實驗報告的圖 5-K 上，且將直流準位標示清楚。

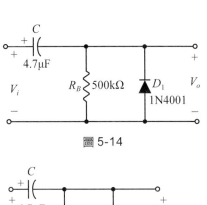

圖 5-14

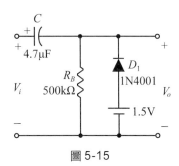

圖 5-15

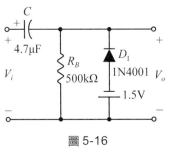

圖 5-16

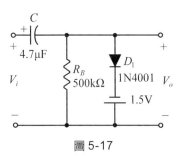

圖 5-17

Lab 5

實驗 **6**

稽納二極體之特性與應用

實驗目的

1. 學習使用示波器描繪稽納二極體特性曲線圖。

2. 瞭解電壓輸入變動與負載變動對稽納穩壓電路的影響。

3. 由測量值計算稽納穩壓電路的輸入調整與負載調整率。

4. 學習認識稽納二極體的規格表。

一、相關知識

　　二極體處於逆向偏壓時，若電壓超過其逆向峰值電壓值則二極體將會受到破壞，這是因為二極體被迫從相反的方向通過大的電流所致；在兩端的電位差極高之下又要通過大電流，二極體便得承受很大的功率，這大功率所產生的熱量便足以令二極體損毀。若能夠在崩潰電壓下限制通過二極體的電流，便能夠使二極體安全地工作於崩潰電壓。

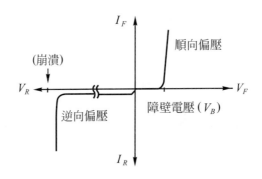

圖 6-1　一般二極體特性曲線

　　由圖 6-1 可發現逆向電壓在達到崩潰電壓之前，實際上可認為二極體並無電流，但當逆向電壓達到崩潰電壓後，每一微小的電壓增量就產生非常大的電流增量。在實際上，當電壓超過崩潰電壓後就可認為二極體兩端的電壓保持於一定不變的數值(等於崩潰電壓的電壓值)。

　　稽納二極體主要使用於直流電源供應器的電壓調整，特別設計來專門加上逆向偏壓使用。做為穩壓作用之二極體，稱為稽納二極體或穩壓二極體。常見的稽納二極體實體圖如圖 6-2 所示，外形與一般二極體相似，在本實驗中你將可看到在適當的操作下，稽納二極體是如何維持近於固定的直流電壓，同時亦將學習適當使用稽納二極體的條件和限制，以及影響其特性的因素。

　　稽納二極體的電路符號如圖 6-3 所示。稽納二極體是一種矽材料PN接面元件，其與整流二極體的差別在於特別選用其逆向崩潰區。 稽納二極體的崩潰電壓是在製造時仔細地控制摻雜程度而製成。

圖 6-2　稽納二極體實體圖　　　　圖 6-3　稽納二極體電路符號

崩潰特性

　　圖 6-4 繪出稽納二極體的逆向特性曲線，請注意當逆向電壓(V_Z)增大時，逆向電流(I_R)在曲線的「膝點」之前均維持著極小值。在膝點時開始產生崩潰效應，使稽納電阻(R_Z)開始減小而逆向電流則急驟增大。由膝點開始，崩潰電壓幾乎維持著固定值，隨 I_z 增加而稍微增加這就是稽納二極體調整電壓的主要特徵。它能在特定的逆向電流範圍之內，維持其兩端所跨的定值電壓。

　　要維持稽納二極體的調整作用，必需要有最小的逆向電流 I_{ZK} 才行，由稽納二極體的逆向特性曲線上得知，當逆向電流低到膝點以下，即使外在電壓變動甚大，其調整作用不會發生。同時有個最大電流 I_{ZM} 需加以限制，當工作電流大於該值則稽納二極體即會燒毀。

　　因此，當稽納二極體的工作電流，在逆向電流 I_{ZK} 到 I_{ZM} 之間均會維持定值的電壓。在規格表中一般標稱的稽納電壓 V_Z，是指在逆向電流為 I_{ZT} 的稽納逆向電流下所測得。

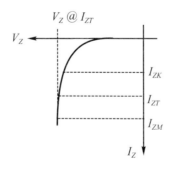

圖 6-4　稽納二極體逆向特性曲線 V_Z 為在測試點 I_{ZT} 的電壓值

Lab 6

認識稽納二極體的規格表

Zeners
1N4728A - 1N4752A

圖 6-5　製造公司。元件英文名稱為稽納二極體 1N4728A~1N4752A 系列

Absolute Maximum Ratings* T_A = 25°C unless otherwise noted

Symbol	Parameter	Value	Units
P_D	Power Dissipation Derate above 50°C	1.0 6.67	W mW/°C

圖 6-6　絕對最大額定值。最大功率散逸P_D為 1 W

圖 6-7　DO-41 指包裝型號並標註色帶端為陰極

Electrical Characteristics T_A = 25°C unless otherwise noted

Device	V_Z (V)	Z_Z (Ω) @	I_{ZT} (mA)	Z_{ZK} (Ω) @	I_{ZK} (mA)	V_R (V) @	I_R (μA)	I_{SURGE} (mA)	I_{ZM} (mA)
1N4728A	3.3	10	76	400	1.0	1.0	100	1380	276
1N4729A	3.6	10	69	400	1.0	1.0	100	1260	252
1N4730A	3.9	9.0	64	400	1.0	1.0	50	1190	234
1N4731A	4.3	9.0	58	400	1.0	1.0	10	1070	217
1N4732A	4.7	8.0	53	500	1.0	1.0	10	970	193
1N4733A	5.1	7.0	49	550	1.0	1.0	10	890	178
1N4734A	5.6	5.0	45	600	1.0	2.0	10	810	162
1N4735A	6.2	2.0	41	700	1.0	3.0	10	730	146

圖 6-8　指 "在I_{ZT}時的Z_Z值"

圖 6-8 呈現部分編號的電器特性：標註各個不同編號元件的V_Z值，以及I_{ZM}值 ，例如常用的 1N4733A，V_Z=5.1V。

　　在稽納二極體的規格表中(附錄-4)除了標出稽納電壓(稽納二極體的崩潰電壓) V_Z 外，還標示了它所能承受的最大功率 P_D。從這兩項數據，我們可以知道稽納二極體所能容許通過的最大電流 I_{ZM}，因為 $P_D = I_{ZM}V_Z$，因此一個 5.1 V 1W 的稽納二極體所能通過的最大稽納電流是 1W/5.1V ＝ 196 mA。(在實際應用上，我們為使稽納二極體能很安全地工作，都使其通過 0.8 I_{ZM} 以下的電流)。

表 6-1 　常見稽納二極體之簡易規格表

Part #	Voltage	Watt
1N4728A	3.3	1W
1N4729A	3.6	1W
1N4730A	3.9	1W
1N4731A	4.3	1W
1N4732A	4.7	1W
1N4733A	5.1	1W
1N4734A	5.6	1W
1N4735A	6.2	1W

　　當使用稽納二極體做穩壓時，通常都串聯一個限流電阻器後才接至電源，如圖 6-9 所示。但是電源電壓 V_S 一定要高於稽納二極體的崩潰電壓，否則無法發揮稽納二極體的穩壓作用。

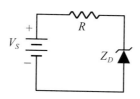

圖 6-9 　稽納二極體電路接線

稽納二極體等效電路

　　圖 6-10(a)所示為稽納二極體理想近似電路，就像一個電壓等於稽納電壓的電池。圖 6-10(b)則表示實際的稽納等效電路，圖中已包括了稽納電阻R_Z。由於電壓曲線並非理想的垂直線，小量逆向電流的變化會引起小量的稽納電壓變化，如圖 6-10(c)所示。其ΔV_Z與ΔI_Z的比值即為此項電阻，表示如下：

$$R_Z = \frac{\Delta V_Z}{\Delta I_Z}$$

　　一般而言，R_Z由特定的逆向電流I_{ZT}(稽納測試電流)所決定。一般來說，R_Z之值在整個逆向電流區內均為定值。

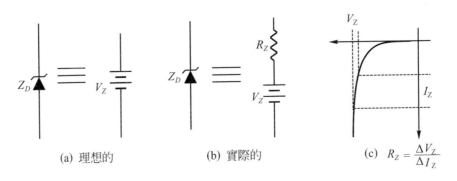

(a) 理想的　　　　　　(b) 實際的　　　　　　(c) $R_Z = \dfrac{\Delta V_Z}{\Delta I_Z}$

圖 6-10　稽納二極體等效電路

輸入電壓變動的輸出電壓調整

　　稽納二極體常被用於電壓調整，圖 6-11 所示為稽納二極體如何調整變化的輸入直流電壓，此稱為輸入或線調整。

　　當輸入電壓改變時(在限制範圍內)，稽納二極體兩端會維持定值電壓，但是當V_{IN}改變會使I_{IN}隨著改變，所以輸入的變化範圍受到稽納二極體額定的工作電流上下極限值(I_{ZK}及I_{ZM})所限制。圖中R為限流電阻，以避免過大的電流燒毀稽納二極體。

　　舉例來說，圖 6-11 的稽納二極體，若其調整範圍已知為$I_{ZK} = 4\text{mA}$ 到$I_{ZM} = 40\text{mA}$。就最小工作電流而言，跨於 1kΩ電阻的電壓為

$$V_R = (4\text{mA})(1\text{k}\Omega) = 4\text{V}$$

因此　　　　　$V_R = V_{IN} - V_Z$

所以　　　　　$V_{IN} = V_R + V_Z = 4\text{V} + 6.2\text{V} = 10.2\text{V}$

就最大工作電流而言，跨於 1kΩ 電阻的電壓為：

$$V_R = (40\text{mA})(1\text{k}\Omega) = 40\text{V}$$

所以　　　　　$V_{IN} = 40\text{V} + 6.2\text{V} = 46.2\text{V}$

上述例子說明了該稽納二極體，在輸入電壓由 10.2V 到 46.2V 之間，皆能使其輸出
電壓維持在 6.2V。實際輸出會因稽納阻抗而稍有變化。

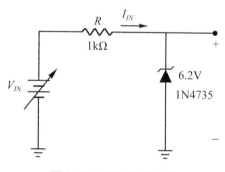

圖 6-11　稽納穩壓電路

▌負載變動的電壓調整

　　圖 6-12 所示為稽納二極體調整器，其兩端跨接一個可變的負載電阻。當稽納
電流介於 I_{ZK} 和 I_{ZM} 之間，稽納二極體均能將跨於 R_L 兩端的電壓維持為一定值，此稱
為「負載調整」。

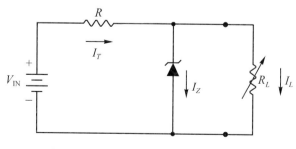

圖 6-12　可變負載的稽納電壓調整器

Lab 6

無載至滿載

在圖 6-12 中，當輸出端開路時($R_L = \infty$)，負載電流I_L為零而電流I_T則完全流經稽納二極體。當連接負載電阻後，則總電流會分成部份流過稽納二極體，部分流過負載電阻R_L。若R_L減小時，I_L會增大而I_Z減小。稽納二極體的調整作用會持續到I_Z小於其下限值I_{ZK}(最小的工作電流)，此時的負載電流為最大值。如下面例子說明：

例 6-1 試求圖 6-13 稽納二極體維持電壓調整作用的電流上下限值。當$V_Z = 12V$，$I_{ZK} = 3mA$，$I_{ZM} = 90mA$。為簡單起見，假設$R_Z = 0\Omega$，以維持$V_Z = 12V$；則R_L的最小值可為多大？

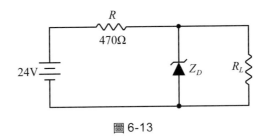

圖 6-13

解 當$I_L = 0A$時，I_Z等於電路總電流I_T且為最大值

$$I_{Z(max)} = I_T = \frac{V_{IN} - V_Z}{R} = \frac{24V - 12V}{470\Omega} = 25.53mA$$

由於上值遠小於I_{ZM}，因此 0A 為可接受的I_L最小值

$$I_{L(min)} = 0A$$

當I_Z變成最小值時，I_L即為最大值，因此：

$$I_{L(max)} = I_T - I_{ZK} = 25.53mA - 3mA = 22.53mA$$

R_L的最小值則為：

$$R_{L(min)} = \frac{V_Z}{I_{L(max)}} = \frac{12V}{22.53mA} = 533\Omega$$

電壓調整率

電壓調整率為電壓調整器的性能指標，可分為輸入(線)調整及負載調整。輸入調整率表示輸入電壓變化所引起的輸出電壓變化的百分比：

$$輸入(線)調整率 = \frac{\Delta V_{\text{out}}}{\Delta V_{\text{in}}} \times 100\%$$

　　輸入調整率常以輸入電壓 1 伏特的變化 V_{in}(%/V)所產生的輸出電壓 V_{out} 的變化率。負載調整率則表示負載電流的變化範圍，通常由最小(無載)到最大(滿載)間輸出電壓的變化率。通常以百分率表示之，關係如下：

$$負載調整率 = \frac{V_{NL} - V_{FL}}{V_{FL}} \times 100\%$$

其中 V_{NL} 表示無載下的輸出電壓，V_{FL} 表示滿載時的輸出電壓。

二、所需設備及材料

▌設備表

儀器名稱	數量
萬用電表	1
雙電源供應器	1
雙軌示波器	1

▌材料表

名　　　稱	代　號	規　格	數　量
電阻器	R_1	220Ω　1/4W	1
	R_L	2.2kΩ　1/4W	1
	R_A	1kΩ　　1/4W	1
半可調可變電阻器	SVR	1kΩ	1
稽納二極體	ZD	1N4733	1
中心抽頭式變壓器	PT-5	110V 對 6-0-6V	1

陰
陽

Lab 6

三、實驗項目及步驟

項目一　**稽納二極體 I-V 特性曲線量測**

步驟 1：以萬用電表的Ω檔測量實驗報告的表 6-A 所列的電阻值並記錄於其上。此測量值將使用於後續的計算式。

步驟 2：取一顆編號為 1N4733 的稽納二極體依圖 6-14 所示接線。(注意：圖 6-14 的 R 是測量棒的紅端，B 是測量棒的共點端。變壓器中心抽頭不接。)

步驟 3：將雙軌示波器的"Time/DIV"旋鈕轉至 X-Y mode(李賽氏圖形模式)，1kΩ的電阻會將示波器的 Y-軸變成電流軸(每伏特 1mA)。將結果描繪於實驗報告的圖 6-A。

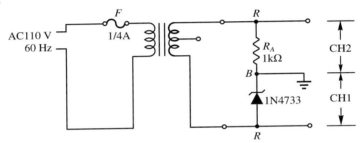

圖 6-14　稽納二極體特性曲線描繪

如果使用 Tektronix TBS 1052B-EDU Digital Oscilloscope 則須按"Utility"鍵後再按"顯示"選擇格式 XY，步驟如附圖。將預設的 YT 軸改為 XY 軸。

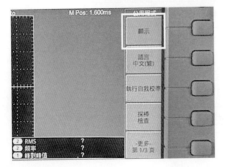

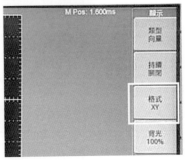

項目二　**稽納二極體的簡單應用**

(A) 當電壓源變動時，稽納穩壓之實例。

步驟 1：將一顆編號為 1N4733 輸出 5.1 V 之稽納二極體依圖 6-15 所示接線。

步驟 2：依序調整電源供應器輸出電壓為 2.0V、4.0V、6.0V、8.0V、10.0V，同時量測及記錄V_L的電壓值於實驗報告的表 6-B。根據實驗報告的表 6-B 之數據，應用歐姆定律計算負載電流I_L；V_R可利用 KVL：$V_S - V_L$求得。I_S為流經R_1之電流可應用歐姆定律V_{R1}/R_1求得；至於I_Z則可應用 KCL：$I_S - I_L$求得。

(B) 當負載阻抗變動時，稽納二極體仍然穩壓在一定的輸出。

步驟 1：將一顆編號為 1N4733 輸出 5.1V 之稽納二極體依圖 6-16 所示接線。負載電阻以一顆 1kΩ的可變電阻代替。此種情況下，其負載通常是一個主動電路(例如一個邏輯電路)。主要是由於條件狀況之改變造成電流的變動。

步驟 2：將電源供應器的輸出設為 + 12V 並將可變電阻調至最大值 1.0kΩ，量測負載阻抗上之電壓值並記錄於實驗報告的表 6-C。

步驟 3：重複步驟 2，並依實驗報告的表 6-C 所列之R_L值調整，並依序記錄於其上。

步驟 4：應用歐姆定律計算I_L、KVL：$V_S - V_L$計算V_{R1}及 KCL：$I_S - I_L$計算I_Z，並記錄於實驗報告的表 6-C。

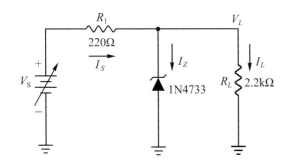

圖 6-15　輸入電壓變動時之穩壓

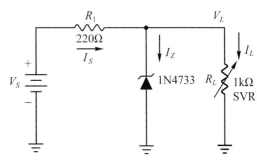

圖 6-16　負載變動時之穩壓

Lab 6

實驗 **7**

雙極性接面電晶體 (BJT)之特性

實驗目的

1. 學習量測並描繪電晶體的集極特性曲線。

2. 學習使用萬用電表測量電晶體的 β_{DC} 值。

3. 學習使用萬用電表判斷電晶體的腳位。

4. 學習認識電晶體(BJT)的規格表。

一、相關知識

電晶體的電路符號

雙極性接面電晶體(BJT)的基本結構決定其操作特性。雙極性接面電晶體係以兩個 PN 接面隔開，三層摻雜的半導體元件，此三層區域分別為「射極」、「基極」與「集極」。圖 7-1 所示為 NPN 與 PNP 雙極性電晶體的電路符號，箭頭向外者為NPN，箭頭向內者為PNP。「雙極性」的意義是指電晶體內有「電子」與「電洞」兩種載子。

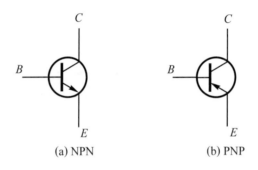

(a) NPN　　　　　　　　(b) PNP

圖 7-1　BJT 之標準符號

基本動作原理

要使電晶體作為放大器用，則其兩個PN接面均需以外加電壓給予適當的偏壓。在本實驗中，全以NPN型的電晶體作說明，PNP型電晶體的動作很相似，只要將電子與電洞、電壓極性與電流方向均反過來即可。

圖 7-2為 NPN 與 PNP 電晶體的正確偏壓方式，請注意：兩種偏壓情形均使基-射(B-E)接面「順向偏壓」，而集-基(C-B)接面則「逆向偏壓」。

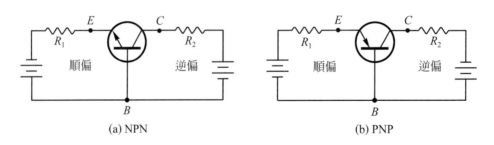

(a) NPN　　　　　　　　　　　　(b) PNP

圖 7-2　電晶體的偏壓情形

電晶體電流

NPN 電晶體的電流(習慣電流)方向繪於圖 7-3(a)內,而 PNP 電晶體的電流方向則繪於圖 7-3(b)內。圖內符號的對應電流方向則在圖 7-3(c)與(d),請注意電晶體符號的射極箭頭方向是與傳統電流同向的。

就這些圖示來看,射極電流等於集極電流與基極電流之和,表示如下:

$$I_E = I_C + I_B$$

I_B 比 I_E 和 I_C 小很多,而其大寫英文註腳表示均為「直流值」。

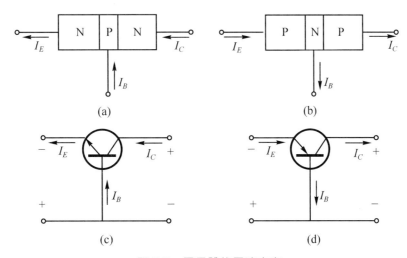

圖 7-3　電晶體的電流方向

電晶體的偏壓

如圖 7-4 所示,將 NPN 和 PNP 二種電晶體分別加上偏壓,V_{BB} 為基-射極接面順向偏壓,而 V_{CC} 為集-射極接面逆向偏壓。

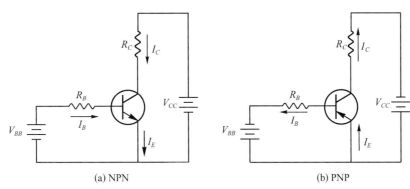

圖 7-4　電晶體偏壓電路

Lab 7

直流 β_{DC} 與直流 α_{DC}

集極電流I_C對基極電流I_B的比，稱為電晶體的直流電流增益(β_{DC})。

$$\beta_{DC} = \frac{I_C}{I_B} \tag{7-1}$$

β_{DC}的典型值在 20～200 或更高些的範圍內，於電晶體規格表內如表 7-1 所列，常以h_{FE}表示之。而集極電流I_C對射極電流I_E的比，則稱為α_{DC}。

$$\alpha_{DC} = \frac{I_C}{I_E} \tag{7-2}$$

α_{DC}的典型值為 0.95～0.99。

表 7-1　常用電晶體之規格

編 號	規 格				備 註
	V_{CBO}	I_C	P_C	$\beta_{DC}(h_{FE})$	
2SA495	−50V	150mA	400mW	70～240	PNP
2N3904	60V	100mA	500mW	100～300	NPN
2SA1015	−50V	150mA	400mW	70～400	PNP
2SC1815	60V	150mA	400mW	70～700	NPN
2N2955	−70V	10A	75W	20～70	PNP
2N3055	70V	10A	75W	20～70	NPN
2N2222A	75V	150mA	625mW	約 75	NPN

認識電晶體的規格表

TOSHIBA   2SC1815

TOSHIBA TRANSIST SILICON NPN EPITAXIAL TYPE (PCT PROCESS)

2SC1815

TOSHIBA   2SA1815

TOSHIBA TRANSIST SILICON PNP EPITAXIAL TYPE (PCT PROCESS)

2SA1015

圖 7-5

規格表的最上端一般都會標示廠牌及元件的名稱及編號。圖 7-5 分別爲日本東芝所生產的矽材質 NPN 電晶體編號 2SC1815 與編號 2SA1015 PNP 電晶體。

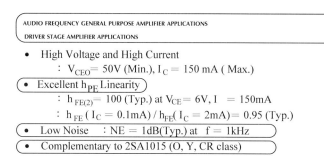

AUDIO FREQUENCY GENERAL PURPOSE AMPLIFIER APPLICATIONS

DRIVER STAGE AMPLIFIER APPLICATIONS

- High Voltage and High Current
  ：V_{CEO}= 50V (Min.), I_C = 150 mA (Max.)
- Excellent h_{PE} Linearity
  ：$h_{FE(2)}$= 100 (Typ.) at V_{CE}= 6V, I ＝ 150mA
  ：h_{FE} (I_C = 0.1mA) / h_{FE}(I_C = 2mA)= 0.95 (Typ.)
- Low Noise　：NE = 1dB(Typ.) at　f = 1kHz
- Complementary to 2SA1015 (O, Y, CR class)

圖 7-6

Unit: mm

1. EMITTER
2. COLLECTOR
3. BASE

JEDEC	TO-92
JEITA	SC-43
TOSHIBA	2-5F1B

Weight: 0.21 g (typ.)

圖 7-7

圖 7-6 標示此產品的應用類別爲音頻一般型放大器使用或驅動級放大器使用。圖 7-6 極佳的 h_{FE} 線性增益、低雜訊Noise Figure(NF)值低且互補對編號爲 2SA1015。圖 7-7 下視圖標示元件的腳位，日製腳位 ECB 及各種規範的包裝代碼。

MAXIMUM RATINGS(Ta = 25℃)

CHARACTERISTIC	SYMBOL	RATING	UINT
Collector-Base Voltage	V_{CBO}	60	V
Collector-Emitter Voltage	V_{CEO}	50	V
Emitter-Base Voltage	V_{EBO}	5	V
Collector Current	I_C	150	mA
Base Current	I_B	50	mA
Collector Power Dissipation	P_C	400	mW

圖 7-8　2SC1815 最大額定值 NPN 為正值

Lab 7

MAXIMUM RATINGS(Ta = 25℃)

CHARACTERISTIC	SYMBOL	RATING	UINT
Collector-Base Voltage	V_{CBO}	−50	V
Collector-Emitter Voltage	V_{CEO}	−50	V
Emitter-Base Voltage	V_{EBO}	−5	V
Collector Current	I_C	−150	mA
Base Current	I_B	−50	mA
Collector Power Dissipation	P_C	400	mW

圖 7-9　　2SA1015 最大額定值 PNP 為負值

圖 7-8 與圖 7-9 所標示 V_{CBO} 為 E 腳開路時，CB 之間所能承受之最大逆向電壓。V_{CEO} 代表當電晶體不導通時 CE 之間所能承受之最大電壓，當超過規格表所提供之數值時就可能發生燒毀的情形。使用電晶體時需特別注意此參數。V_{EBO} 表示 C 腳開路時，EB 之間所能承受之最大逆向電壓。I_C 與 I_B 代表著集極與基極的最大連續工作電流，須注意超過該數值後會使電晶體發熱或燒毀。最後的 P_C 表示 CE 腳間所消耗的功率。

特性	符號	測試條件	最小	典型	最大	單位
CHARACTERISTIC	SYMBOL	TEST CONDITION	MIN.	TYP.	MAX.	UNIT
Collector Cut-off Current	I_{CBO}	V_{CB} = 60V, I_E = 0			0.1	μA
Emitter Cut-off Current	I_{EBO}	V_{EB} = 5 V, I_C = 0			0.1	μA
DC Current Gain	$h_{FE(1)}$ (Note)	V_{CE} = 6 V, I_C = 2mA	70		700	
	$h_{FE(2)}$	V_{CE} = 6 V, I_C = 150mA	25	100		
Collector-Emitter Saturation Voltage	$V_{CE(sat)}$	I_C = 100mA, I_B = 10mA		0.1	0.25	V
Base Emitter Saturation Voltage	$V_{BE(sat)}$	I_C = 100mA, I_B = 10mA			1.0	V
Transition Frequency	P_T	V_{CE} = 10V, I_C = 1mA	80			MHz
Collector Output Capacitance	C_{ab}	V_{CB} = 10V, I_E = 0 , f = 1MHz		2.0	3.5	pF
Base Intrinsic Resistance	$r_{bb'}$	V_{CE} = 10V, I_E = −1mA f = 30MHz		50		Ω
Noise Fagure	NF	V_{CE} = 6V, I_C = 0.1mA f = 1kHz, R_G = 10kΩ		1.0	10	dB

Note：h_{FE} Classification　　0：70-140　　Y：120-240　　GR：200-400　　BL：350-700

圖 7-10

註解：電晶體的直流增益值 h_{FE}

電晶體集射極的飽和電壓值 $V_{CE(sat)}$

電晶體的 Noise Figure(NF) 雜訊指標最大值為 10 dB

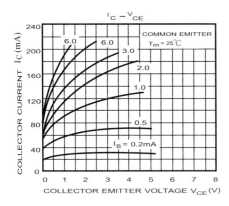

圖 7-11　2SC1815 的集極電流特性
曲線圖I_C-V_{CE}(正值)

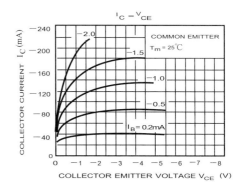

圖 7-12　2S A1015 的集極電流特性
曲線圖I_C-V_{CE}(負值)

認識 2N3904 電晶體的規格表

Features

- Epilaxial Planar Die Construction
- Available in both Throuth-Hole and Surface Mounl Packages
- Ideal for Switching and Amplifier Applications
- Complementary PNP Type Available (2N3906)

(a)

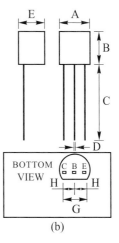

(b)

圖 7-13　2N3904 的互補對編號為 PNP 型 2N3906

認識 2N2222A 電晶體的規格表

Lab 7

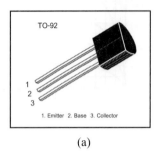

2N2222A

NPN SILICON TRANSISTOR

TO-92

1
2
3
1. Emitter 2. Base 3. Collector

(a)

■ Features
  · Low Leakage Current
    I_{CBO} = 10nA(Max.) [V_{CB}=60V, I_E =0ma]
  · Low Saturation Voltage:
    $V_{CE(sat)}$ = 0.4V(Max.)
    [I_C= 150mA, I_B= 15mA]
  · Large Colletor Current
  · Complementary Pair with 2N2907A

(b)

圖 7-14　互補對編號為 2N2907A

電晶體的最高額定

電晶體的標準數據表中，包括了：集極功率散逸（Collector Poewr Dissipation）、集射極電壓以及集極電流等三項的最高額定。如圖 7-15 所示為 TOSHIBA 2SC1815 的集極電流特性曲線圖，在附-6 中的最大額定值表中有明確標示：$P_{C(max)} = 400\text{mW}$、$I_{C(max)} = 150\text{mA}$、$V_{CEO} = 50\text{V}$。集極功率散逸的額定是集極電流和集-射極電壓的乘積，對 2SC1815 而言：

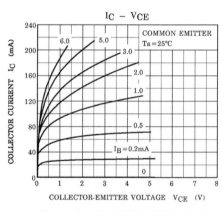

圖 7-15　TOSHIBA 2SC1815

直流分析

就圖 7-16 之電路架構，已知 V_{BB} 使基-射接面順向偏壓，V_{CC} 使集-射接面逆向偏壓，當矽材料的基-射接面受順向偏壓時，就像二極體有順向電壓降，其值為

$$V_{BE} = 0.7\text{V}$$

跨於電阻 R_B 的電壓為

$$V_{RB} = V_{BB} - V_{BE}$$

$$V_{RB} = I_B R_B$$

所以　　　　$I_B R_B = V_{BB} - V_{BE}$

再由式子(7-1)知道，集極電流為

$$I_C = \beta_{DC} I_B$$

而跨於 R_C 的電壓降為

$$V_{RC} = I_C R_C$$

集極對射極(接地)的電壓則是

$$V_{CE} = V_{CC} - I_C R_C$$

基極與集極間電壓是

$$V_{CB} = V_{CE} - V_{BE}$$

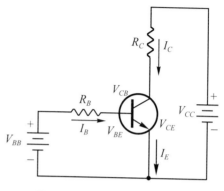

圖 7-16　電晶體電流及電壓

電晶體的包裝

　　電晶體的包裝有金屬和塑膠兩種。圖 7-17 是兩種常見的電晶體實體圖，並以制式編號 TO-#為分類(2N3904 的規格表於附-10)。

圖 7-17　電晶體的三種包裝：(a)金屬外殼包裝；(b)鋁外殼包裝；(c)一般塑膠外殼包裝

電晶體的測試

　　在電路的接線之前，最好能對使用的電晶體元件做檢測，以確保功能正常。若無電晶體測試器，類比的萬用電表亦可用來測試電晶體接面的開路或短路，此和二

Lab **7**

極體測試相同，此種測試電晶體可視同二個背對背的二極體，如圖 7-18 所示，BC 接面為一個二極體，BE 接面為另外一個二極體。

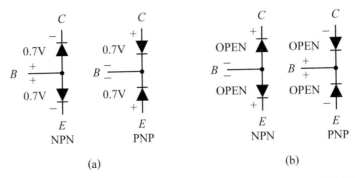

(a)   (b)

圖 7-18   使用電表測試電晶體可將其視同二個背對背的二極體：(a)順偏時，二個接面均讀到約 0.7V；(b)反偏時，二個接面讀值為開路

    許多數位式萬用電表亦有電晶體測試功能。以下分別以指針式電表和數位萬用電表做說明：

(A) 指針式電表操作步驟

1. 種類的辨別(NPN 或 PNP)

        將指針式電表的一支測試棒固定在電晶體某一支腳並將另一支測試棒分別接到電晶體的另二支腳，如果指針式電表在歐姆檔且指針都大幅偏轉則固定的那支腳為電晶體的B極且若固定的測試棒為紅色(日規電表：插在指針式電表的＋極)則此電晶體為PNP型。若固定的測試棒為黑色(插在指針式電表的 "－" 極)則此電晶體為NPN型。

2. 接腳的辨別(B，C，E)

        由 1.的部份可找到電晶體的基極(B)。對NPN電晶體而言，先假設某一支腳為集極(C)並利用手指之電阻將B和C連接，做順向偏壓，如圖 7-19 所示。此時指針式電表為 R×1K 歐姆檔，如果指針大幅偏轉，則假設正確，另一支腳即為射極(E)。否則假設錯誤，需再假設另一支腳為集極(C)，並重複以上的步驟。如果假設基極以外的另兩支腳之某一支腳為集極，指針均不會大幅偏轉，則表示電晶體已損壞了。對 PNP 電晶體而言，測試的方法和 NPN 電晶體相同，但必須把紅色和黑色測試棒的位置對調。

3. 直流電流增益β_{DC}(h_{FE})的測量

將指針式電表的測量範圍選擇鈕置於R×10歐姆檔，此為h_{FE}檔。對NPN電晶體而言，測量h_{FE}的方法如下：

(1) 將測量電晶體專用測試棒接於指針式電表的-(COM)插孔。紅色夾子接於電晶體的集極，黑色夾子接於電晶體的基極。

(2) 三用電表的＋插孔，接紅色測試棒並和電晶體的射極連接。

(3) 直接讀取h_{FE}刻度的指示值。

對PNP電晶體而言，測量h_{FE}的方法如下：

(1) 將測量電晶體專用測試棒接於三用電表的＋插孔。紅色夾子接於電晶體的集極，黑色夾子接於電晶體的基極。

(2) 指針式電表的-(COM)插孔，接黑色測試棒並和電晶體的射極相連接。

(3) 直接讀取h_{FE}刻度的指示值。

(B) 數位式萬用電表操作步驟

將待測電晶體插入如圖7-20所示的位置，先假設其為NPN則將功能旋鈕切換至NPN之位置。再將電晶體之接腳嘗試地插入緊臨的三個針孔位置，直到顯示幕上有穩定的數字顯示。假如一切組合都無法滿足，則將功能旋鈕切換至PNP之位置，再重新插入電晶體直到顯示幕上有穩定的數字顯示。此一數字即為直流電流增益h_{FE}值。至於腳位由電表上的標示即可獲得。

圖7-19　指針電表測量

圖7-20　萬用電表測量

集極特性曲線描跡器

電晶體特性曲線圖一般很少列在電晶體規格表中，但在某些情況，例如元件的測試、初始電路的開發以及元件研究上，為從曲線上獲得重要參數值，對於單一元件的特性曲線的研讀，則變得相當重要。

Lab **7**

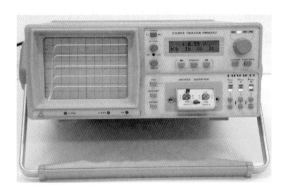

圖 7-21　HM6042 特性曲線描跡器

　　目前最廣泛地使用在工廠以獲得電晶體特性曲線的設備是一台稱為電晶體曲線描跡器的儀器。曲線描跡器能對不同電晶體特性的測試與顯示，如圖 7-21 所示。曲線描跡器是一種類似示波器型式的儀器，內建一些電路能在一範圍值內自動地逐步增大一個半導體元件的電流與電壓並顯示一組特性曲線值於螢幕上。

二、所需設備及材料

設備表

儀器名稱	數量
萬用電表	1
雙電源供應器	1

材料表

名　稱	代　號	規　格	數　量
電阻器	R_B	33kΩ 1/4W	1
	R_C	100Ω 1/4W	1
電晶體	Q_1	2N2222A	1
	Q_2	C1815	1
	Q_3	A1015	1
	Q_4	2N3904	1

三、實驗項目及步驟

項目一　**電晶體的種類及腳位的判別**

步驟 1： 取四顆編號分別為 2N2222A、2SC1815、2SA1015 以及 2N3904 的電晶體，以萬用電表判斷其為何種電晶體(NPN 或 PNP)且腳位如何，將結果以圖示方式記錄於實驗報告中。同時將測得的 β_{DC} (h_{FE})值記錄於實驗報告的表 7-A。附錄 5、6、9、11 為 2N2222A、2SC1815、2SA1015 及 2N3904 的規格表，內有詳細的電器特性及最大的額定值。

步驟 2： 可使用如圖 7-9 所示的萬用電表，其操作如下。(如使用其他廠牌的電表，則請參考內附的說明書)。

    (a) 先假設電晶體為 NPN，則將功能選擇開關轉到 NPN 處，再將電晶體的三隻腳分別插到三個相連孔裡直到萬用電表的顯示幕有數字顯示為止(一般約為 100 至 200 之間)。

    (b) 假如上述步驟皆沒有數字顯示，則將功能選擇開關轉到 PNP 處，再將電晶體的三隻腳分別插到三個相連孔裡直到萬用電表的顯示幕有數字顯示為止。

項目二　**電晶體集極特性曲線描繪**

步驟 1： 以萬用電表的 Ω 檔測量實驗報告的表 7-B 所列的電阻值並記錄於其上。此測量值將使用於後續的計算式。

步驟 2： 取一顆編號為 2N2222A 的電晶體，依圖 7-22 所示的共射極組態接線。將雙電源供應器的一組輸出電壓接至 V_{BB}，另一組則接至 V_{CC}，並將控制鈕"Tracking/ Independent"設定為獨立(Independent)。電路中的 R_B 是用於限流以保護流經電晶體基極的電流不致過大。

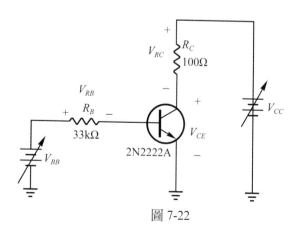

圖 7-22

步驟 3： 剛開始時，將兩組電源輸出皆設為 0V。緩慢地增加V_{BB}直到V_{RB} = 1.65V。此時的I_B值剛好等於 50μA。(因$I_B = \dfrac{V_{RB}}{R_B} = \dfrac{1.65V}{33k\Omega} = 50μA$)。

步驟 4： 將V_{BB}值固定不動，但緩慢地增加V_{CC}直到三用電表量到V_{CE} = 0.2V。此時，測量並記錄V_{RC}的電壓值於表 7-C。至於I_C則可根據歐姆定律$I_C = \dfrac{V_{RC}}{R_C}$ 求得。

注意：當V_{CC}推動電流不足時，V_{RC}將接近 0V，所以要注意電源供應器的V_{CC}電流推動是否足夠。否則需增大電流供給，即調整電源供應器的電流旋鈕。

步驟 5： 重複步驟 4 並測量V_{RC}的電壓值，但逐段增加V_{CC}直到三用電表量到V_{CE}的值分別為 0.3V，0.6V，1.0V，2.0V，4.0V，以完成表 7-C 的第 2 和第 3 行。此部份的數據都是以I_B = 50μA 為基準所測得的。

步驟 6： 將V_{CC}再次設為 0V 且增加V_{BB}直到V_{RB} = 3.3V，此時的I_B值剛好等於 100μA。(因$I_B = \dfrac{V_{RB}}{R_B} = \dfrac{3.3V}{33k\Omega} = 100μA$)。

步驟 7： 重複步驟 4 與 5 完成以I_B = 100μA 為基準的測量並依序記錄於實驗報告的表 7-C 的第 4 與 5 行。

步驟 8： 將V_{CC}再次設為 0V，且增加V_{BB} 直到V_{RB} = 4.95V，此時的I_B值剛好等於 150μA。(因$I_B = \dfrac{V_{RB}}{R_B} = \dfrac{4.95V}{33k\Omega} = 150μA$)。

步驟 9： 重複步驟 4 與 5，完成以I_B = 150μA 為基準的測量並依序記錄於實驗報告的表 7-C 的第 6 與 7 行。

步驟 10： 繪三條集極特性曲線於實驗報告的圖 7-A。即對於一個固定基極電流描繪出V_{CE}對I_C之關係。利用上述實驗所獲得並記錄於實驗報告的表 7-C 的數據描繪於實驗報告的圖 7-A。可選擇適當I_C軸刻度以便能在圖中觀察到最大集極電流I_C。並請將各別的曲線分別以I_B的值標示。

ELECTRONICS Lab I

電晶體開關

實驗目的

1. 學習利用電晶體建構一個開關電路並測試其特性。

2. 學習如何判斷電晶體為飽和或截止。

一、相關知識

電晶體當作開關

圖 8-1 所示為將電晶體當作開關元件的基本操作示意圖。圖 8-1(a)中，電晶體因為基-射極間沒有順偏而截止。在此情況下，集極和射極間是開路的狀態($I_C = 0$)，就如圖 8-1(a)中打開的開關。在圖 8-1(b)中，電晶體因為基-射極接面為順偏，且基極電流I_B足夠大使集極電流達到飽和值，因此電晶體是飽和的。在此情況下，集-射極間為短路的狀態($V_{CE} = 0$)，有如開關接通一般是導通的。實際上大約有零點幾伏特的電壓降V_{CE}，此為電晶體的飽和電壓，典型值約為 0.2 伏特。

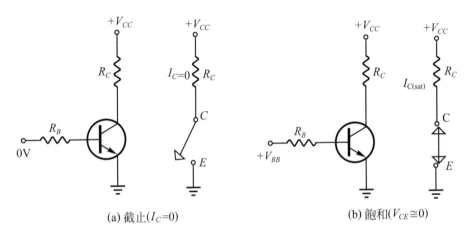

(a) 截止($I_C=0$)   (b) 飽和($V_{CE}\cong0$)

圖 8-1　電晶體的理想開關動作

截止狀態

如前面所提，當基-射極間沒有順偏時，電晶體是截止的。忽略漏電流則電晶體所有電流均為零，V_{CE}等於V_{CC}。

$$V_{CE(\text{cutoff})} = V_{CC}$$

飽和狀態

如前面所提，當電晶體基-射極接面為順偏，且有足夠的基極電流(I_B)以產生最大的集極電流，電晶體為飽和。飽和時的集極電流公式為

$$I_{C(\text{sat})} = \frac{V_{CC} - V_{CE(\text{sat})}}{R_C}$$

因爲飽和時 V_{CE} 很小(約爲 0.2 伏特)，所以飽和時的集極電流可近似爲

$$I_{C(\text{sat})} = \frac{V_{CC}}{R_C}$$

而使電晶體產生飽和的最小基極電流則爲

$$I_{B(\text{min})} = \frac{I_{C(\text{sat})}}{\beta_{DC}}$$

通常 I_B 須比 $I_{B(\text{min})}$ 大得多以確保能讓電晶體處於飽和狀態。

二、所需設備及材料

▌設備表

儀器名稱	數量
萬用電表	1
雙電源供應器	1

▌材料表

名　稱	代　號	規　格	數　量
電阻器	R_C	1.0kΩ　1/4W	1
	R_{C1}，R_B	10kΩ　1/4W	2
可變電阻器	VR	10kΩ (B 型)	1
電晶體	Q_1，Q_2	2N2222A(NPN)	2
發光二極體	LED	綠色 5mm	1

註：發光二極體(LED)的規格表於附-11

Lab **8**

VR　　　　　　　LED　　　　　　電晶體

可變電阻器的規格

可變電阻器(VR)一共有三隻接腳。將握柄順時針方向旋轉，①、②腳之間的電阻值會增大，②、③腳間的電阻值會變小。但是①、③腳間的電阻值為①、②腳與②、③腳間電阻之和，是一個固定不變的數值。在可變電阻器的外殼上所印之電阻值即為①、③腳之間的電阻值。

可變電阻器的分類依①、②腳之間的電阻值隨著握柄的旋轉角度而變化之情形，可變電阻器可分為很多種型式。較常用的有 A、B、M、N 四種型式，茲分別說明如下：

(1)　①、②腳間之電阻值與握柄的旋轉角度之關係，請參考圖 8-2。

(2)　A 型：對數型，多用於音量控制。

　　　B 型：直線型，用於各種電路中作信號強度(強弱)之控制。

　　　M、N型：多被合用於高級立體聲擴音機中擔任左、右聲道的平衡控制。

可變電阻器除了可在外殼上印有電阻值外，亦有標明其型式，選購時宜注意。例如：20kΩ B 表示該可變電阻器的①、③腳之間為 20kΩ，同時亦表示該電阻器為直線型的。50kΩ A 表示該可變電阻器的最大電阻值為 50kΩ，同時表示該可變電阻器為對數型的。

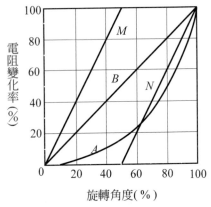

圖 8-2　可變電阻握柄與角度之關係

　　可變電阻(Variable Resistor, VR)常隱藏在日常生活中的電器產品，如音響的音量旋鈕。爲了美觀及方便操作會覆蓋圓型轉盤如圖 8-3 所示。左爲常見的外觀轉盤，右爲裸露的可變電阻原貌。

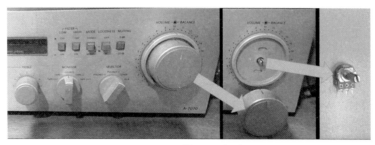

圖 8-3　可變電阻實體圖

表 8-1　LED 的規格表

LED INDICATOR LAMPS

PACKAGE SIZE	PART NO.	Material	Peak Wave Length λp(nm)	Emitting Color	LENS COLOR	Δλ (nm)	Pd (mW)	IF (mA)	Peak If(mA)	VF(V) Min	VF(V) Typ	VF(V) Max	IR(UA) VR = 5V Max	Rec If(mA) Max	Iv(mcd) Min	Iv(mcd) Typ	Viewing Angle (deg) 2θ 1/2	Pack age fig.
5φ	M563KT	GaAsP	655	RED	RED TRANSPARENT	40	110	40	200	1.5	1.7	2.0	100	10~20	0.30	0.5	180	
	M563RT	GaP	697	HI-RED	RED TRANSPARENT	90	45	15	50	1.7	2.1	2.8	100	5~10	0.30	0.6	180	
	M563MT	GaAsP on GaP	635	EFF-RED	RED TRANSPARENT	45	100	30	160	1.7	2.0	2.8	100	10~20	0.60	1.2	180	
	M563GT	GaP	565	GREEN	GREEN TRANSPARENT	30	100	30	160	1.7	2.1	2.8	100	10~20	0.60	1.2	180	L-49
	M563YT	GaAsP on GaP	585	YELLOW	YELLOW TRANSPARENT	35	85	20	160	1.7	2.0	2.8	100	10~20	0.40	1.0	180	
	M563BT	GaAsP on GaP	600	YELLOW	AMBER TRANSPARENT	35	85	20	160	1.7	2.0	2.8	100	10~20	0.40	1.0	180	
	M563AT	GaAsP on GaP	635	ORANGE	ORANGE TRANSPARENT	45	100	30	160	1.7	2.0	2.8	100	10~20	0.60	1.2	180	

①包裝尺寸(LED 的大小)
②晶片的材質:砷化稼
③發散的顏色
④絕對最大額定電流值

三、實驗項目及步驟

項目一 利用電阻偏壓來控制電晶體的 ON-OFF。

步驟 1： 以萬用電表的 Ω 檔測量實驗報告的表 8-A 所列的電阻值並記錄於其上。此測量值將使用於後續的計算式。

步驟 2： 電晶體當作開關使用時，不是 ON(飽和)就是 OFF(截止)。圖 8-4 是一個簡單的電晶體當作開關的電路。由於電晶體經由不同的偏壓，可有三種不同的狀態存在，即截止、主動與飽和。因此，上述電路藉由可變電阻 VR 的調整除了飽和(ON)與截止(OFF)外，也會工作於主動區的緩衝階段，因此並不會像實體開關一樣即開或即關。分別計算當電晶體為截止與飽和狀態的 V_{CE} 值以及當電晶體飽和 LED 亮時，跨於電阻 R_C 的電壓，並記錄於實驗報告的表 8-B。$I_{C(sat)}$ 的計算則假設跨於 LED 的壓降為 2.1V (附錄 11)且 $V_{CE} = 0.1V$。

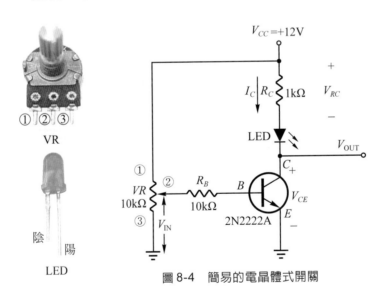

圖 8-4　簡易的電晶體式開關

步驟 3： 取一顆編號為 2N2222A 的 NPN 電晶體依圖 8-4 接線。圖 8-4 電路中的可變電阻 VR，是作為電晶體工作點的控制。將 VR 接地端電阻調至最小時，以三用電表量測 V_{CE} 的電壓值，此即為電晶體截止時的電壓值。此時 LED 應為不亮。

步驟 4：　逐漸增大 VR 接地端電阻值，則 LED 將會變亮，且愈來愈明亮。至 VR 最大值時，量測 V_{CE} 的電壓值，此即為 $V_{CE(sat)}$ 的飽和值。

項目二　利用電晶體當作控制開關：延續上一實驗，之前是利用電阻偏壓來控制電晶體的 ON 與 OFF，這裡則更進一步以電晶體 Q_1 來控制電晶體 Q_2 的 ON 與 OFF。

步驟 1：　取兩顆編號為 2N2222A 的 NPN 電晶體依圖 8-5 接線。此電路工作如下：當 V_{IN} 非常低時，Q_1 是 OFF 狀態，因為沒有足夠的基極電流，因此 Q_2 將會是在飽和狀態(ON)。由於電晶體 Q_2 經由 R_{C1} 獲得足夠的基極電流，因此 LED 將會亮。當 Q_1 的基極電壓 V_{IN} 增加，則 Q_1 將會導通。當 Q_1 趨近飽和時，Q_2 的基極電壓將會下降，以致於 Q_2 快速地由飽和變為截止，因此 LED 熄滅。

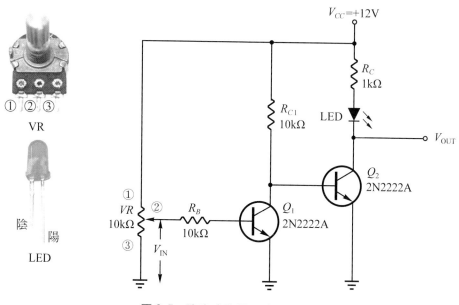

圖 8-5　改良式的電晶體式開關

步驟 2：　調整可變電阻 VR 以達 V_{IN} 為最小值(0 伏特左右)，由於 Q_1 是 OFF 狀態而 Q_2 是 ON 狀態，因此 LED 亮。量測此時的 V_{IN} 與 V_{OUT} 電壓值並記錄於實驗報告的表 8-C。

步驟 3： 緩慢地藉由調整可變電阻 VR 以增加V_{IN}，同時注意 LED 的變化。你將
會發現 LED 一下子就完全熄滅，而非如上個實驗般是逐漸地變暗。當
LED 剛變暗時，記錄V_{IN}與V_{OUT}於實驗報告的表 8-C 中，此即為V_{IN}與
V_{OUT}的臨界值。

注意：此電路改變電晶體狀態於飽和與截止二者之一。

實驗 **9**

ELECTRONICS Lab I

電晶體偏壓電路

實驗目的

1. 學習建構各種偏壓電路並分析。
2. 比較不同的偏壓電路對電晶體工作點的影響。

一、相關知識

直流工作點

　　電晶體必需具有適當的直流偏壓才能作爲放大器。即電晶體的直流工作點必須經適當的設計，使得在電路輸入端的交流信號能夠在其輸出端放大並精確的複製。當偏壓一個電晶體，即是在建立該電晶體工作的電壓和電流的條件，也就是直流工作點。一般又稱之爲靜態工作點(Q點)。

　　圖 9-1 說明經適當及不適當偏壓的放大器，其輸入波形與輸出波形的相互關係。圖 9-1(a) 經適當偏壓的放大器其輸出電壓波形爲輸入波形的反相複製且振幅變大。輸出電壓的擺幅，在直流準位的上、下均相等。圖9-1(b)及圖9-1(c)所示則爲因不適當的偏壓而導致輸出信號失真。圖 9-1 (b)之情況爲當電晶體的直流工作點太靠近截止區以致於輸出的正向部分被限制了。圖9-1 (c) 之情況則爲當直流工作點太靠近飽和區以致於輸出的負向部分被限制了。

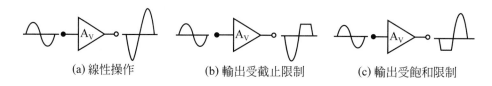

(a) 線性操作　　　　(b) 輸出受截止限制　　　　(c) 輸出受飽和限制

圖 9-1　反相放大器其線性操作情形

圖解分析

　　在實驗八，我們已學會如何描繪電晶體的集極特性曲線。在此將圖9-2(a)的電晶體集極特性曲線繪於圖 9-2(b)內。現在即以該特性曲線圖來討論直流偏壓的效應。如圖 9-2(b)所示，我們設定不同的I_B值，並據以觀察I_C和V_{CE}的變化情形。首先調整V_{BB}使I_B達到$200\mu A$。假設電晶體的β_{DC}爲100，由於$I_C = \beta_{DC}I_B$，故集極電流爲20mA，而$V_{CE} = V_{CC} - I_C R_C = 10V - 4V = 6V$。因此該電路之$Q$點的座標($V_{CE}$，$I_C$)，標示於圖9-2(b)的$Q_1$點(6V，20mA)。

　　接著增大V_{BB}使I_B變爲$300\mu A$，得出I_C爲30mA 與V_{CE}爲4V。其Q點則爲圖9-2

(b)上的Q_2點(4V，30mA)。最後調整V_{BB}使I_B變爲400μA，得出$I_C = 40$mA與$V_{CE} = 2$V。其Q點則爲圖 9-2(b)上的Q_3點(2V，40mA)。

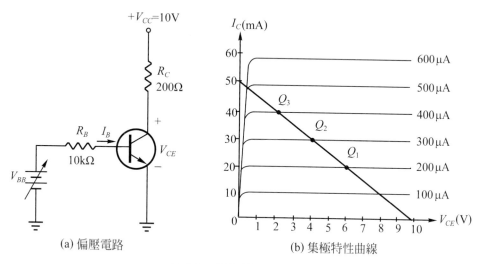

(a) 偏壓電路　　　　　　　　　(b) 集極特性曲線

圖 9-2　電晶體直流工作點

▌直流負載線

　　請注意當I_B增大，I_C會跟著增大而V_{CE}會減小；當I_B減小時，I_C也會跟著減小而V_{CE}則增大。所以當將V_{BB}增大或減小時，電晶體的工作點Q也沿著一條斜線上下移動，此稱之爲「直流負載線」(load line)，該直線會連接每一個Q點。沿著負載線上的每一工作點，我們可以找到如圖 9-3 所示的I_B，I_C，與V_{CE}之值。

　　注意圖 9-3 中的負載線與V_{CE}軸相交於 10V 處，即$V_{CE} = V_{CC}$，此爲該電晶體的截止點。因爲該點的I_B與I_C在理想上均爲 0。事實上，則會有甚小的I_{CBO}，因此V_{CE}也稍小於 10V。

　　接著注意直流負載線又跟垂直軸I_C相交於 50mA 處，該點爲I_C的最大值(理想上 50mA)，即是該電晶體的飽和點。此時$V_{CE} \cong 0$而$I_C \cong \dfrac{V_{CC}}{R_C}$。實際上，在電晶體的集極-射極間仍跨有微小電壓$V_{CE(\text{sat})}$，且$I_{C(\text{sat})}$也會稍微小於 50mA。

Lab **9**

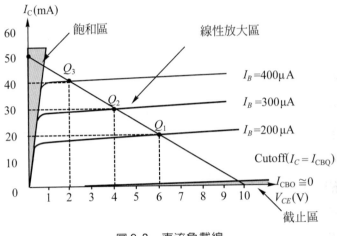

圖 9-3　直流負載線

線性放大

　　直流負載線上介於飽和與截止兩點之間的區域是電晶體的線性放大工作區。只要電晶體在此區內工作，則其輸出電壓即為輸入信號的線性複製輸出。舉例來說，假設在 V_{BB} 上加有一個正弦電壓，使基極電流在 $300\mu A$ 的 Q 點，做 $100\mu A$ 的上下變化，這將使集極電流在 $30mA$ 的 Q 點上下形成 $10mA$ 的變化。由於集極電流變化的結果，集-射極電壓也在 $4V$ 的 Q 點上下形成 $2V$ 的變化，如圖 9-4 所示的動作情形。

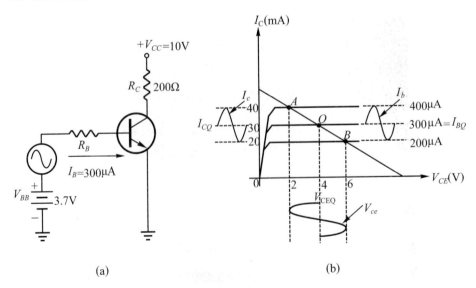

圖 9-4　改變基極電流導致集極電流與集-射極電壓 V_{CE} 變化

　　在負載線上 A 點對應於正弦輸入信號的正向峰值，B 點則對應於正弦輸入信號的負向峰值，而 Q 點則與正弦波形的 0 值對應，如圖 9-4(b)所示。V_{CEQ} 和 I_{CQ} 為 Q 點之值，即無交流信號加入之值。

輸出失真

　　如前所示，在特定的輸入信號情形下，直流負載線的 Q 點位置，會使輸出信號的一端峰值遭到箝制，如圖 9-5(a)和圖 9-5(b)所示。對 Q 點的位置而言，由於輸入信號太大使得在一週期內有部分時間會驅動電晶體進入截止或飽和。

　　當兩峰值如圖 9-5(c)所示的均遭到箝制，表示電晶體被過大的輸入信號驅動至飽和與截止。而在僅有正向峰值遭到箝制時，電晶體則為截止而非飽和狀態；相反的，若是負向峰值遭到箝制時，電晶體則處於飽和狀態而非截止狀態。

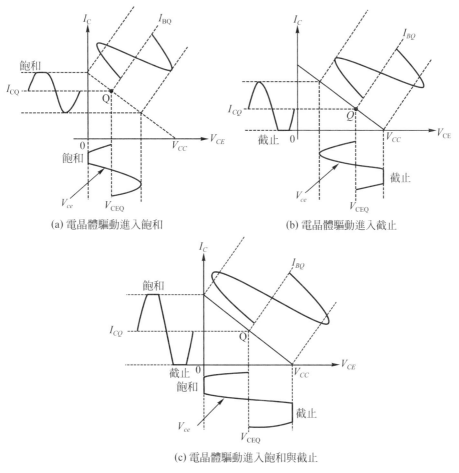

(a) 電晶體驅動進入飽和　　　　　(b) 電晶體驅動進入截止

(c) 電晶體驅動進入飽和與截止

圖 9-5　說明飽和與截止影響

Lab 9

基極偏壓

在前述的討論中,我們以電池V_{BB}作為基-射極接面的偏壓電源,比較實際的方法則利用V_{CC}作單電源式偏壓,如圖 9-6 所示。

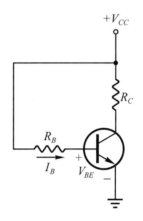

圖 9-6　基極偏壓

圖 9-6 電路的「線性區」分析如下:跨於R_B之壓降為$V_{CC} - V_{BE}$。所以

$$I_B = \frac{V_{CC} - V_{BE}}{R_B}$$

忽略漏電流I_{CBO}則

$$I_C = \beta_{DC} I_B \tag{9-1}$$

集-射極電壓則等於集極電壓減去跨於R_C上的電壓降。

$$V_{CE} = V_{CC} - I_C R_C$$

再以$\beta_{DC} I_B$取代I_C,得

$$V_{CE} = V_{CC} - \beta_{DC} I_B R_C \tag{9-2}$$

β_{DC}對Q點的影響

注意式子(9-1)和(9-2)均包含有β_{DC},這種缺點是當β_{DC}隨溫度的變化會導致I_C和V_{CE}跟著改變,結果也改變了電晶體的 Q 點,使得基極偏壓電路與β_{DC}有關。

分壓器偏壓

　　如圖 9-7，電晶體的基極偏壓由分壓電阻所提供。就 B 點來看，電流可經兩條路徑接地；一條經 R_2，另一條則經電晶體的基-射極接面。若基極電流遠小於流經 R_2 的電流，則偏壓電路可簡化由 R_1 與 R_2 所構成的分壓電路，如圖 9-8(a)所示。若 I_B 與 I_2 比較下不能忽略，則由電晶體基極看入的「直流輸入阻抗」$R_{\text{IN(base)}}$ 必須考慮之。如圖 9-8(b)所示，$R_{\text{IN(base)}}$ 與 R_2 成並聯。

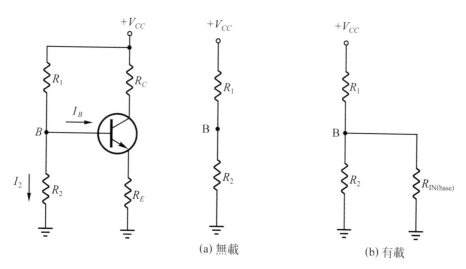

(a) 無載　　　　　　　　　(b) 有載

圖 9-7　分壓器偏壓　　　　　　　圖 9-8　簡化的分壓器

基極輸入電阻

　　我們將以圖 9-9 來推導電晶體基極的直流輸入電阻。V_{IN} 加於基極與接地之間，I_{IN} 則為流入基極的電流，由歐姆定律得知

$$R_{\text{IN(base)}} = \frac{V_{\text{IN}}}{I_{\text{IN}}} \tag{9-3}$$

在基-射極電路上，由克希荷夫定律得出

$$V_{\text{IN}} = V_{BE} + I_E R_E$$

假設 $V_{BE} \ll I_E R_E$，上式即可簡化成

$$V_{\text{IN}} \cong I_E R_E$$

Lab **9**

由於 $I_E \cong I_C = \beta_{DC} I_B$，所以

$$V_{\text{IN}} \cong \beta_{DC} I_B R_E$$

因為輸入電流為基極電流 $(I_{\text{IN}} = I_B)$，代入式(9-3)得

$$R_{\text{IN(base)}} \cong \frac{\beta_{DC} I_B R_E}{I_B}$$

故 $\qquad R_{\text{IN(base)}} \cong \beta_{DC} R_E$

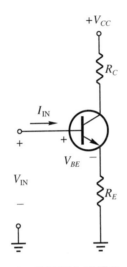

圖 9-9　直流輸入電阻 $V_{\text{IN}}/I_{\text{IN}}$

分壓器偏壓電路分析

圖 9-10 所示為 NPN 型電晶體的分壓器偏壓電路，其推導過程如下：

$$R_{\text{IN(base)}} \cong \beta_{DC} R_E$$

基極到地的電阻為

$$R_2 /\!/ \beta_{DC} R_E$$

此電阻和 R_1 分壓，則基極電壓為

$$V_B \cong \frac{R_2 /\!/ \beta_{DC} R_E}{R_1 + (R_2 /\!/ \beta_{DC} R_E)} V_{CC}$$

若 $\beta_{DC}R_E \gg R_2$，則上式可簡化成

$$V_B \cong \left(\frac{R_2}{R_1 + R_2} \right) V_{CC}$$

一旦求出基極電壓後，射極電壓為基極電壓減去 V_{BE}

$$V_E = V_B - V_{BE}$$

再由歐姆定律求出射極電流

$$I_E = \frac{V_E}{R_E}$$

I_E 求出後，其它各值可相繼求得

$$I_C \cong I_E$$
$$V_C = V_{CC} - I_C R_C$$
$$V_{CE} = V_C - V_E$$

由於 $I_C \cong I_E$，所以 V_{CE} 能以 I_E 表示成

$$V_{CE} \cong V_{CC} - I_E R_C - I_E R_E$$
$$V_{CE} \cong V_{CC} - I_E (R_C + R_E)$$

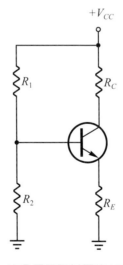

圖 9-10　由分壓電阻偏壓的 NPN 電晶體

Lab 9

分壓器偏壓的穩定度

　　首先以戴維寧定理來求出圖 9-10 基-射極電路的等效電路。由基極端往右看，其偏壓電路可重繪成圖 9-11(a)，在圖上 B 左邊的電路代入戴維寧定律，可得下列結果

$$R_{TH} = \frac{R_1 R_2}{R_1 + R_2}$$

及　　　　　　　$$V_{TH} = \left(\frac{R_2}{R_1 + R_2}\right) V_{CC}$$

其戴維寧等效電路如圖 9-11(b) 所示。就基-射極環路寫出克希荷夫定律關係，可得

$$V_{TH} = I_B R_{TH} + V_{BE} + I_E R_E$$

將 I_B 以 I_E / β_{DC} 代入，

$$V_{TH} = I_E \left(R_E + \frac{R_{TH}}{\beta_{DC}}\right) + V_{BE}$$

$$I_E \cong \frac{V_{TH} - V_{BE}}{R_E + R_{TH}/\beta_{DC}}$$

若 $R_E \gg R_{TH}/\beta_{DC}$，則

$$I_E \cong \frac{V_{TH} - V_{BE}}{R_E} \tag{9-4}$$

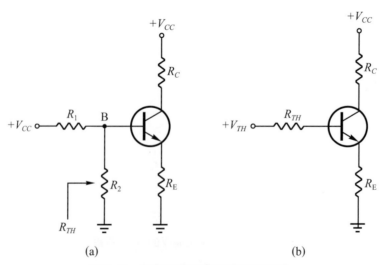

(a)　　　　　　　　　　　　　　(b)

圖 9-11　偏壓電路的戴維寧等效電路

　　上式指出I_E在指定的情況下，基本上與β_{DC}無關(β_{DC}沒有出現於(9-4)式中)。而實際上也很易於達到，因為只要選擇R_E至少為分壓器並聯電阻的 10 倍再除以最小的β_{DC}即可。所以分壓器偏壓方式因其僅使用單電源且穩定性高而廣受歡迎。

▌集極回授偏壓

　　如圖9-12，注意基極電阻R_B連接至集極而不是V_{CC}，此與前述的基極偏壓方式不同。本電路由集極電壓來供給基-射極接面的偏壓。

　　本電路的動作如下：已知β_{DC}隨溫度升高而增大，引起I_C也增大，而I_C增大則跨於R_C的壓降也增加，使集極電壓因而降低，如此導致I_B減小而抑制了I_C的增大。上述的結果使本電路之集極電流維持固定，穩定了Q點。當溫度降低時，其動作則全部反過來。

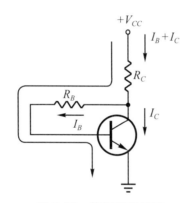

圖 9-12　集極回授偏壓

▌集極回授電路分析

　　利用電晶體基本特性：

$$I_C = \beta_{DC} I_B$$
$$I_E = (1 + \beta_{DC}) I_B$$
$$V_{BE} = 0.7\text{V}$$

根據 KVL 得知：

$$V_{CC} = I_E R_C + I_B R_B + V_{BE} = (1 + \beta_{DC}) I_B R_C + I_B R_B + V_{BE}$$

Lab **9**

$$\therefore I_B = \frac{V_{CC} - V_{BE}}{(1 + \beta_{DC})R_C + R_B}$$

$$I_C = \beta_{DC} I_B = \frac{V_{CC} - V_{BE}}{\left(\frac{1 + \beta_{DC}}{\beta_{DC}}\right) R_C + \frac{R_B}{\beta_{DC}}} \approx \frac{V_{CC} - V_{BE}}{R_C + \frac{R_B}{\beta_{DC}}}$$

二、所需設備及材料

設備表

儀器名稱	數量
萬用電表	1
雙電源供應器	1

材料表

名　稱	代　號	規　格	數　量
電阻器	R_{B1}	1MΩ　1/4W	1
	R_C	2kΩ　1/4W	1
	R_1	33kΩ　1/4W	1
	R_2	6.8kΩ　1/4W	1
	R_{B2}	360kΩ 1/4W	1
	R_E	470Ω　1/4W	1
電晶體	Q_1	2N2222A(NPN)	2

E　B　C

三、實驗項目及步驟

項目一　基極偏壓電路

步驟 1：　以萬用電表的Ω檔測量實驗報告的表 9-A 所列的電阻值並記錄於其上。此測量值將使用於後續的計算式。

步驟 2：　取二顆編號為 2N2222A 的 NPN 電晶體並分別作記號為 A 與 B，以萬用電表分別測量其β_{DC}值，並記錄於實驗報告的表 9-B(1)。

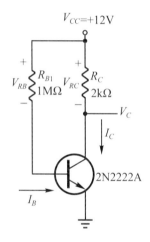

圖 9-13　基極偏壓電路

步驟 3：　根據圖 9-13 所示的基極偏壓電路，計算列於實驗報告的表 9-B(2)所要求的直流參數值。首先計算V_{RB}，利用 KVL：$V_{CC} - V_{BE} = V_{RB}$；接著計算I_B，利用歐姆定律$V_{RB}/R_B = I_B$；再根據β_{DC}求得$I_C = \beta_{DC}I_B$。至於V_{RC}則可由$V_{RC} = R_C I_C$求得。另V_C則可由$V_{CC} - V_{RC} = V_C$而得，並記錄於其上。

步驟 4：　將其中一顆記號為 A 的 2N2222A 電晶體依圖 9-13 所示的基極偏壓電路接線。並依實驗報告的表 9-B(2)所列的直流參數值，分別測量V_{RB}、V_{RC}與V_{CE}並記錄於其上。

步驟 5：　將圖 9-13 電路上的電晶體以記號為 B 的 2N2222A 電晶體代替之。再分別測量V_{RB}、V_{RC}與V_{CE}並記錄於實驗報告的表 9-B(2)。

項目二　分壓器偏壓電路

步驟 1：　以萬用電表的Ω檔測量實驗報告的表 9-C 所列的電阻值並記錄於其上。此測量值將使用於後續的計算式。

步驟 2：　根據圖 9-14 所示的分壓器偏壓電路，計算列於實驗報告的表 9-D 所要求的直流參數值。

直流參數計算參考公式表

$V_B = \left(\dfrac{R_2}{R_1 + R_2}\right) V_{CC}$ 假設 $\beta_{DC}R_E \gg R_2$	$V_E = V_B - V_{BE}$
$I_E = \dfrac{V_E}{R_E}$	$V_{CE} \cong V_{CC} - I_E(R_C + R_E)$

步驟 3：　將其中一顆記號為A的 2N2222A 電晶體依圖 9-14 所示的分壓器偏壓電路接線。並依實驗報告的表 9-D所列的直流參數值，分別測量V_B、V_E、V_{CE}與V_{RC}並記錄於其上。

步驟 4：　將圖 9-14 電路上的電晶體以記號為B的 2N2222A 電晶體代替之。再分別測量V_B、V_E、V_{CE}與V_{RC}並記錄於實驗報告的表 9-D。

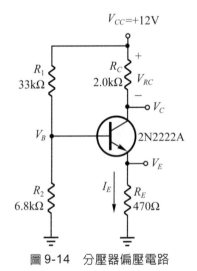

圖 9-14　分壓器偏壓電路

項目三　集極回授偏壓電路

步驟 1：　以萬用電表的Ω檔測量實驗報告的表 9-E 所列的電阻值並記錄於其上。此測量值將使用於後續的計算式。

步驟 2：　根據圖 9-15 所示的集極回授偏壓電路，計算列於實驗報告的表 9-F 所要求的直流參數值。首先計算 I_C，利用 KVL 沿基極迴路可得

$$V_{CC} = I_E R_C + I_B R_{B2} + V_{BE}$$

將 $I_B = \dfrac{I_C}{\beta_{DC}}$，$I_E \approx I_C$ 代入，則求 I_C 可得：$I_C = \dfrac{V_{CC} - V_{BE}}{R_C + \dfrac{R_{B2}}{\beta_{DC}}}$

則 $V_{RC} = R_C I_E C$ 且 $V_C = V_{CC} - V_{RC}$ 即可求得。

步驟 3：　將其中一顆記號為 A 的 2N2222A 電晶體依圖 9-15 所示的集極回授偏壓電路接線。並依實驗報告的表 9-F 所列的直流參數值，分別測量 V_{CE} 與 V_{RC} 並記錄於其上。

步驟 4：　將圖 9-15 電路上的電晶體以記號為 B 的 2N2222A 電晶體代替之。再分別測量 V_{CE} 與 V_{RC} 並記錄於其上。

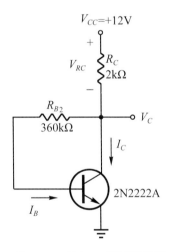

圖 9-15　集極回授偏壓電路

Lab **9**

實驗 **10**

ELECTRONICS Lab I

共射極放大器

實驗目的

1. 學習建構一個共射極放大器，並能
   量測其各項直流、交流參數值。
2. 瞭解共射極放大器其輸入信號波形
   與輸出波形之關係。

一、相關知識

小信號放大操作

　　電晶體的偏壓僅是操作於直流部份，其目的乃在建立適當的工作點，以便對交流輸入信號有反應而且能變化其電壓和電流值。在應用上，微小的信號需要加以放大才能進一步處理，例如從收音機天線接收進來的微小信號。放大器被設計來將這些微小的交流信號放大者，稱為小信號放大器。

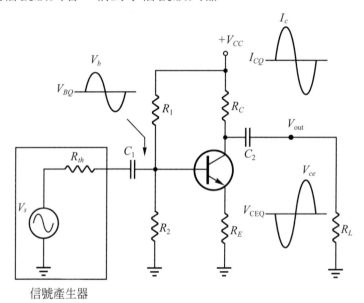

圖 10-1　分壓器偏壓的放大器，由內阻為 R_{th} 的信號源驅動

　　圖 10-1 是一個經過適當偏壓的電路，交流信號由電容器耦合至基極，而負載亦經由電容器耦合到集極。耦合電容器阻隔著信號源的直流準位，並可防止信號源的內阻及負載電阻改變基極及集極的直流偏壓。交流信號電壓使基極電壓沿著直流偏壓位準上下變化著，使基極上產生的電流變化，透過電晶體組態的電壓增益，形成集極上放大的電流變化。

　　當集極電流增大時，使集極電壓減小。集極電流在靜態工作點(Q點)的大小變化，與基極電流同相，而集極到射極電壓在靜態點的變化則與基極電壓有 180° 的相位差，如圖 10-1 所示。

圖解分析

電晶體放大的工作原理可在集極特性曲線上利用圖解方式說明。如圖 10-2 所示，基極上的信號驅動基極電流以Q點為中心沿著負載線作上下等量變化，如箭號所示方向。

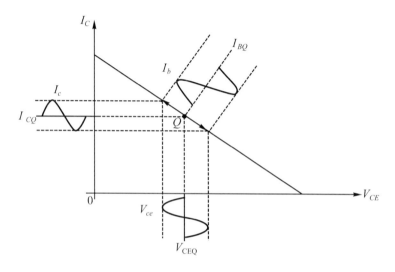

圖 10-2　放大工作原理以圖解分析

由基極的電流峰值分別對I_C軸及V_{CE}軸投影，結果顯示出集極電流和集-射極電壓的峰值變化情形。因電容耦合負載電阻使得交流負載線的集極電阻較直流負載線為小，因此交流負載線和直流負載線是不同的。

r 參數

電晶體製造商除了以h參數來標示其特性而列於規格表中，另外還有一種比h參數更易於使用的參數，稱為r參數，分別列於表 10-1 內。

表 10-1　　r參數

參數	i_c/i_e名稱及意義
α_{ac}	交流α (i_c/i_b)----共基極電流增益
β_{ac}	交流β (i_c/i_b)----共射極電流增益
$r_e{}'$	交流射極電阻
$r_b{}'$	交流基極電阻
$r_c{}'$	交流集極電阻

Lab**10**

r 參數等效電路

　　圖 10-3(a)為電晶體的r參數等效電路。但在一般的分析中，圖 10-3(a)的等效電路可依次簡化之：因交流基極電阻r_b'的影響通常很小，可忽略之而以短路取代。又交流集極電阻通常大於數百萬歐姆，可視為開路。依上述兩種結果，r參數等效電路即可簡化成圖 10-3(b)。

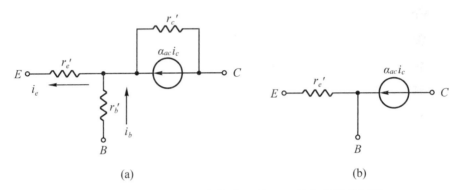

(a)　　　　　　　　　　　　　　　　(b)

圖 10-3　(a)電晶體 r 參數等效電路；(b)簡化的等效電路

　　利用電晶體的交流動作原理，可說明簡化的r參數等效電路如下：在射極和和基極之間有一電阻r_e'，這是電晶體基-射極之間順向偏壓的結果，若在基極或射極加上交流信號，即會使集極作用如同電流源，大小為$\alpha_{ac}i_e$或$\beta_{ac}i_b$，如圖 10-4 所示。

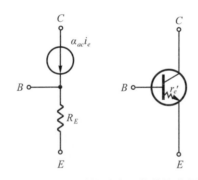

圖 10-4　電晶體符號與 r 參數等效圖

共射極放大器

　　圖 10-5(a)為一個分壓式偏壓的共射極放大器(CE)，其特徵為交流輸入在基極端，輸出在集極端。C_1和C_3分別為輸入及輸出的耦合電容器，C_2為射極旁路電容器使射極對交流信號而言如同接地。此電路結合了直流與交流動作，茲分別討論如下。

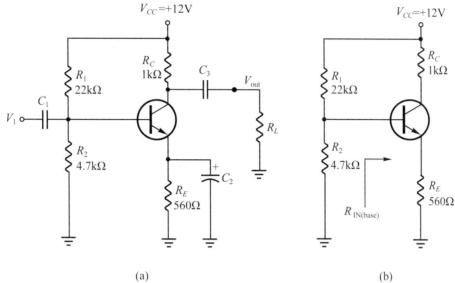

(a)　　　　　　　　　　(b)

圖 10-5　(a)共射極放大器；(b)放大器的直流偏壓電路

▌直流分析

　　要分析圖 10-5(a)的放大器電路，必須先決定其直流偏壓值，因此將耦合電容器C_1和C_3及旁路電容器C_2先開路，而將電路簡化成圖 10-5(b)的型式。其直流分析如下。

　　基極的輸入電阻為：

$$R_{\text{IN(base)}} \cong \beta_{DC} R_E$$
$$R_{\text{IN(base)}} = (150)(560\Omega) = 84\text{k}\Omega$$

因為此電阻值約大於R_2的十倍，因此在計算基極電壓時可被忽略。但是在精確性方面則有所犧牲。

$$V_B \cong \left(\frac{R_2}{R_1 + R_2}\right) V_{CC} = \left(\frac{4.7\text{k}\Omega}{26.7\text{k}\Omega}\right) 12\text{V} = 2.11\text{V}$$

及　　　　$V_E \cong 2.11\text{V} - 0.7\text{V} = 1.41\text{V}$

所以　　　$I_E \cong \dfrac{1.41\text{V}}{560\Omega} = 2.5\text{mA}$

因為$I_C \cong I_E$得

$$V_C \cong V_{CC} - I_C R_C = 12\text{V} - 2.5\text{V} = 9.5\text{V}$$

結果　　　$V_{CE} \cong V_C - V_E = 9.5\text{V} - 1.41\text{V} = 8.09\text{V}$

Lab**10**

交流等效電路

　　要分析圖 10-5(a)放大器的交流信號動作，首先繪出交流等效電路如下：耦合電容器C_1及C_3視爲短路，其原因是基於簡化的假設：在信號頻率下$X_c = \dfrac{1}{\omega C} = \dfrac{1}{2\pi fC} \cong 0$。$R_E$的旁路電容器$C_2$先暫時予以開路，在稍後會將其效應考慮進去。

　　直流電壓源以接地代替，理由是將電壓源的內阻視爲零，所以在電源端無交流的壓降出現，因此V_{CC}端便位於交流電位的 0 伏特位準上，特別稱爲交流接地。其交流等效電路繪於圖 10-6，請注意圖中R_C和R_1均因爲實際電路連接於V_{CC}(交流接地端)，所以視爲交流接地。

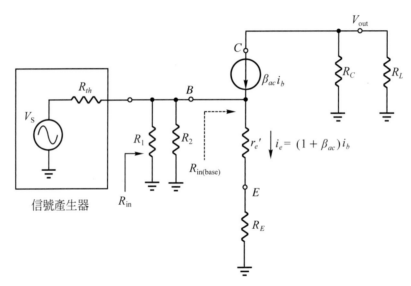

圖 10-6　共射極放大器的交流等效電路，射極旁路電容器C_2在分析之前先暫時移開

基極的交流信號電壓

　　若將一個交流信號源，連接至圖 10-7(a)的輸入端，且將其內阻視爲零，則所有的輸入信號電壓便全部出現在基極端。若交流信號源的內阻不爲零，則基極上實際的信號電壓大小將由下列三個因數決定：分別爲信號源輸入電阻R_{th}、偏壓電阻和基極的輸入阻抗等。圖 10-7(b)是將R_1、R_2和$R_{in(base)}$並聯得到的輸入電阻R_{in}。

　　我們可看到輸入信號電壓V_s被R_{th}(信號源內阻)與R_{in}所分壓，所以由電晶體的基極端所看到的實際信號電壓應修正成

$$V_b = \left(\frac{R_{\text{in}}}{R_{th} + R_{\text{in}}}\right) V_s$$

當然若$R_{th} \ll R_{\text{in}}$，則$V_b \cong V_s$。

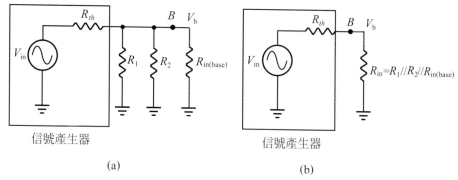

(a)　　　　　　　　　　　　　(b)

圖 10-7　基極交流等效電路

▌輸入阻抗

為導出由交流信號所看到的基極輸入阻抗表示式，可應用簡化的電晶體r參數模型。圖 10-8 即為電晶體與外部電阻R_E及R_C連接情形。

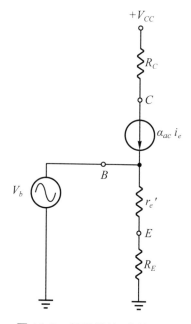

圖 10-8　電晶體的r參數模型

Lab**10**

由基極端看入且不包括射極旁路電容的輸入阻抗爲：

$$R_{\text{in(base)}} = \frac{V_b}{i_b}$$

且　　　　　$i_b \cong \dfrac{i_e}{\beta_{ac}}$

$$V_b = i_e(r_e' + R_E)$$

代入消去i_e，可得

$$R_{\text{in(base)}} = \beta_{ac}(r_e' + R_E)$$

由訊號源看入的總輸入阻抗，是R_1、R_2和$R_{\text{in(base)}}$的並聯

$$R_{\text{in}} = R_1 /\!/ R_2 /\!/ R_{\text{in(base)}}$$

輸出阻抗

移去負載電阻由集極看入的輸出阻抗近乎等於集極電阻

$$R_{\text{out}} \cong R_C$$

實際上$R_{\text{out}} = R_C /\!/ r_c'$，由於集極交流電阻$r_c'$相當大於$R_C$，因此在近似式裏被省略。

電壓增益

交流電壓增益可由圖 10-9 的無集極負載電阻的等效電路導出，其增益爲交流輸出電壓(V_c)對基極交流輸入電壓(V_b)之比。

$$A_V = \frac{-V_c}{V_b}$$

請注意圖 10-9 內，$V_c = -\alpha_{ac} i_e R_C \cong -i_e R_C$及$V_b = i_e(r_e' + R_E)$，所以

$$A_V = \frac{-i_e R_C}{i_e(r_e' + R_E)}$$

消去i_e，我們可得

$$A_V = -\frac{R_C}{r_e' + R_E} \tag{10-1}$$

其中負號表示相位差$180°$。

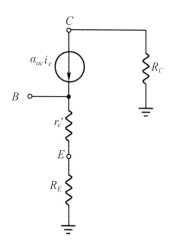

圖 10-9　分析交流電壓增益的等效電路

▍電流增益

　　由基極到集極的電流增益是i_c/i_b或β_{ac}，而放大器的總電流增益則是

$$A_i = \frac{i_c}{i_{in}}$$

i_{in}是信號源的總電流，部份供給基極電流，部份則供給偏壓網路$(R_1 /\!/ R_2)$，如圖 10-10 所示。總輸入電流是

$$I_{in} = \frac{V_{in}}{R_{in}}$$

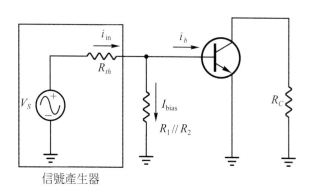

信號產生器

圖 10-10　交流等效電路

Lab**10**

射極旁路電容增大電壓增益

當旁路電容器C_2並聯接於R_E上，如圖 10-11(a)，則射極可直接看成交流接地，如圖 10-11(b)。原因是在選擇夠大的電容值後，使$X_C = \dfrac{1}{\omega C} \cong 0$ 在信號頻率下遠小於R_E，因此視為接地；但必須記得此種旁路電容器對直流近似斷路，故不會改變其直流偏壓。

既然射極電阻R_E在信號頻率下被電容器C_2短路，因此交流電壓增益公式由(10-1)式變成

$$A_v = \frac{R_C}{r_e{}'}$$

表示電壓增益變大了。

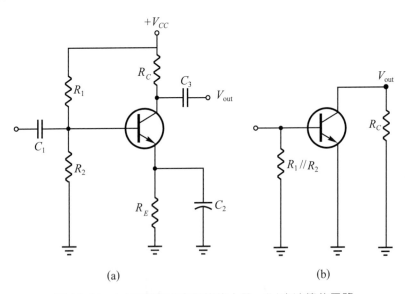

圖 10-11　(a)具旁路電容器的放大器；(b)交流等效電路

交流負載對電壓增益的影響

當一個負載電阻以耦合電容器C_3與放大器輸出端連接時，如圖 10-12(a)所示，在信號頻率下集極電阻變成R_C與R_L的並聯結果。請記得R_C上端在交流時視為接地，因此交流等效電路如圖 10-12(b)所示。總交流集極電阻為：

$$R_c = \frac{R_C R_L}{R_C + R_L}$$

以R_c代替R_C後，電壓增益變成$A_V = \dfrac{R_c}{r_e{}'}$。因為$R_c < R_C$，所以降低了電壓增益。當然若$R_L \gg R_C$則$R_c \cong R_C$，如此負載才對電壓增益無顯著影響。

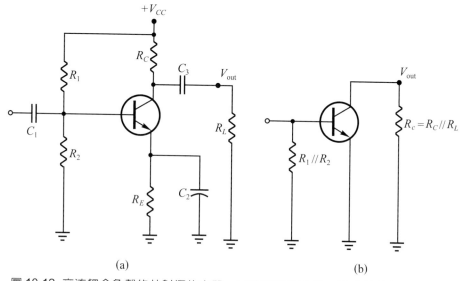

圖 10-12　交流耦合負載的共射極放大器：(a)完整的放大器；(b)交流等效電路

▌增益穩定性

　　電晶體的內部射極電阻$r_e{}'$會隨溫度變化，而電壓增益$A_v = R_c/r_e{}'$，所以電壓增益也會改變。為增加放大器增益的穩定性，可運用一種僅旁路部份射極電阻的技術，以降低增益對$r_e{}'$與溫度的改變，如圖 10-13 所示，射極電阻有部份被C_2所旁路。這種部份旁路的方式會降低增益，但卻可使放大器不會因$r_e{}'$受溫度的影響而變化。

$$A_v = \frac{R_c}{r_e{}' + R_{E1}}$$

若$R_{E1} \gg r_e{}'$則$A_v \cong R_c /\!/ R_{E1}$。

　　總射極電阻$R_{E1} + R_{E2}$是用於直流偏壓，而卻僅有R_{E1}用於交流效應中除去$r_e{}'$的影響，因此仍使電路正常偏壓，又可助於電壓增益的穩定性。

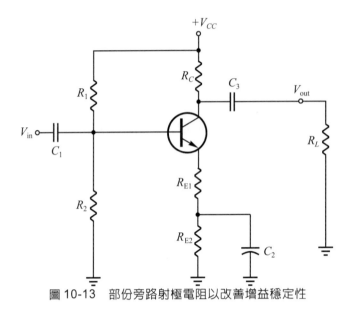

圖 10-13　部份旁路射極電阻以改善增益穩定性

二、所需設備及材料

設備表

儀器名稱	數量
萬用電表	1
雙軌示波器	1
雙電源供應器	1
信號產生器	1

材料表

名　稱	代　號	規　格	數　量
電阻器	R_1，R_{L1}	10kΩ 1/4W	2
	R_2	4.7kΩ 1/4W	1
	R_C，R_{L2}	1kΩ 1/4W	2
	R_{E1}	100Ω 1/4W	1
	R_{E2}	330Ω 1/4W	1
麥拉電容器	C_1，C_3	1μF	2
電解電容器	C_2	100μF　25V	1
電晶體	Q_1	C1815(NPN)	1

E　C　B

三、實驗項目及步驟

項目　共射極放大器

步驟 1： 以萬用電表的Ω檔測量實驗報告的表 10-A 所列的電阻值並記錄於其上。此測量值將使用於後續的計算式。

步驟 2： 根據圖 10-14(a)所示的分壓器偏壓電路計算列於實驗報告的表 10-B 所要求的直流參數值並記錄於其上(可參考下表的計算式)。注意V_B、V_E和V_C是對地的端電壓值。

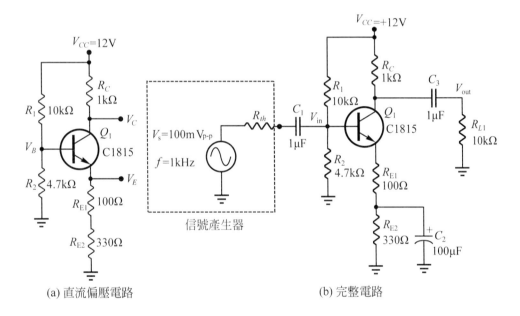

(a) 直流偏壓電路　　　　　　　(b) 完整電路

圖 10-14　共射極放大器

直流參數計算參考公式表

$V_B=\left(\dfrac{R_2}{R_1+R_2}\right)V_{CC}$ 假設 $\beta_{DC}R_E\gg R_2$ $(R_E=R_{E1}+R_{E2})$	$V_E=V_B-V_{BE}$
$I_E=\dfrac{V_E}{R_E}$ $(R_E=R_{E1}+R_{E2})$	$V_C=V_{CC}-I_CR_C$
$V_{CE}=V_C-V_E$	

步驟 3： 取一顆編號為C1815之NPN電晶體以數位電表量測其β_{DC} (h_{FE})值並依圖 10-14(a)所示的分壓器偏壓電路接線。依實驗報告的表 10-B所列量測其直流參數值並記錄於其上。注意V_B、V_E和V_C是對地的端電壓值。

步驟 4： 將圖 10-14(a)擴充成圖 10-14(b)所示的共射極放大器，計算列於實驗報告的表 10-C所要求的交流參數值並記錄於其上(可參考下表的計算式)。

交流參數計算參考公式表

$r_e' = \dfrac{25\text{mV}}{I_E}$	$A_V \cong \dfrac{R_c}{r_e' + R_{E1}}$
$R_c = R_C \| R_L$	$\times$

步驟 5： 將電源供應器的電源打開並設定為＋12V輸出，且由信號產生器來提供振幅為100m$V_{p\text{-}p}$、頻率為 1.0kHz 的弦波做為電路的輸入。可利用示波器觀察其波形振幅與週期，並將其接至電容器C_1的負端。(註：在實驗的電路中，電容器的極性並不會影響其結果，也可以無極性的陶瓷電容器取代)。

步驟 6： 使用雙軌示波器的 CH1 量測電晶體的交流輸入信號波形V_{in}，並將其波形描繪於實驗報告的圖 10-A。同時使用示波器的 CH2 量測交流輸出信號波形V_{out}。將輸入信號波形V_{in}與輸出信號波形V_{out}兩者同時描繪於實驗報告的圖 10-B。計算其電壓增益值並記錄於實驗報告的表 10-C。

步驟 7： 先關閉電源供應器的電源，再將圖 10-14(b)中的旁路電容器C_2拿掉。重複步驟 5 量測電晶體的交流輸入波形V_{in}和交流輸出波形V_{out}。將其波形同時描繪於實驗報告的圖 10-C。計算其電壓增益值並記錄於實驗報告的表 10-C。

步驟 8： 關閉電源供應器的電源，將圖 10-14(b)中的旁路電容器C_2放回原位，但將負載電阻R_L由原來的10kΩ以 1.0kΩ取代。重複步驟 5 量測電晶體的交流輸入波形V_{in}和交流輸出波形V_{out}。將其波形同時描繪於實驗報告的圖 10-D。計算其電壓增益值並記錄於實驗報告的表 10-C。

實驗 **11**

共集極與共基極放大器

實驗目的

1. 學習建構一個共集極放大器，並能量測其各項直流、交流參數值。

2. 學習建構一個共基極放大器，並能量測其各項直流、交流參數值。

一、相關知識

共集極放大器

　　共集極放大器(CC)又稱爲「射極隨耦器」，交流輸入信號經由耦合電容器加到基極，而輸出在射極端並沒有集極電阻。共集極放大器的電壓增益約爲 1，輸出電壓與輸入電壓同相位，即相位差爲 0°，其主要優點爲具有高的輸入電阻。圖 11-1 爲使用分壓式偏壓的共集極放大器。

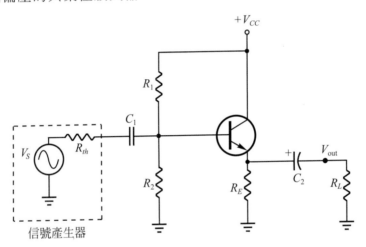

圖 11-1　分壓器偏壓的共集極放大器

電壓增益

　　各種放大器的電壓增益均定義爲 $A_V = V_{out}/V_{in}$，對共集極放大器而言，V_{out} 是 $I_e R_e$，其中 $R_e = R_E // R_L$，V_{in} 則是 $I_e(r_e' + R_e)$，如圖 11-2 所示。因此電壓增益爲 $A_V = \dfrac{I_e R_e}{I_e(r_e' + R_e)}$，消去電流 I_e 後由基極到射極的電壓增益簡化爲

$$A_V = \frac{R_e}{r_e' + R_e}$$

此電壓增益總是小於 1，若 $R_e \gg r_e'$，則 $A_V \cong 1$。因爲由射極上取出輸出電壓，因此其相位與基極輸入信號同相位，也就是此放大器的輸出電壓信號與輸入電壓信號同相位，並且增益值近於 1，所以這種放大器稱爲射極隨耦器。

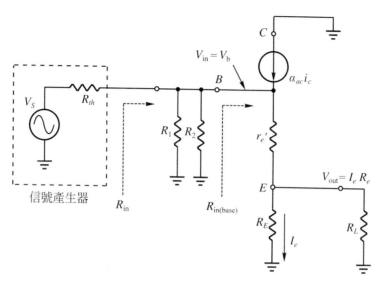

圖 11-2　共集極放大器的交流等效電路

▌輸入電阻

共集極放大器具有高輸入電阻的特性，使其變成非常有用的電路組態。利用這種高輸入電阻的特性，可做成推動次級的緩衝器，以降低串接多級的負載效應。計算基極輸入阻抗的方法，與共射極組態的求法相似，但是輸出電壓取自射極，故其射極電阻不能被「旁路」掉。

輸入信號：$V_{in} = I_e(r_e' + R_e)$

$$R_{in(base)} = \frac{V_{in}}{I_b} = \frac{I_e(r_e' + R_e)}{I_b}\ , \ 且\, I_e \cong I_c \cong \beta_{ac}I_b$$

$$R_{in(base)} \cong \frac{\beta_{ac}I_b(r_e' + R_e)}{I_b}$$

因此 $R_{in(base)} \cong \beta_{ac}(r_e' + R_e)$

若 $R_e \gg r_e'$，則基極輸入電阻變成

$$R_{in(base)} \cong \beta_{ac}R_e$$

從輸入信號源往右看去時，圖 11-2 的偏壓電阻與基極輸入電阻 $R_{in(base)}$ 形成並聯，與共射極組態相同。

$$R_{in} = R_1 /\!/ R_2 /\!/ R_{in(base)}$$

Lab **11**

電流增益

共集極放大器的電流增益為I_e / I_{in}，I_{in}可由V_{in}/R_{in}計算求得。若並聯(對交流信號而言)的偏壓電阻R_1和R_2甚大於$R_{in(base)}$，則大部分的輸入電流均將流入基極，造成放大器的電流增益接近於電晶體本身的電流放大率β_{ac}。其$I_{in} \cong I_b$原因是流入偏壓電阻的信號電流很小，以數學式表示如下：

若　　　　　　　$R_1 \mathbin{/\mkern-5mu/} R_2 \gg \beta_{ac} \cdot R_e$

則　　　　　　　$A_i = \dfrac{I_e}{I_{in}} \cong \dfrac{I_e}{I_b} \cong \beta_{ac}$　　否則　$A_i = \dfrac{I_e}{I_{in}}$

β_{ac}是共集極與共射極兩種組態的最大電流增益值。

達靈頓對

如前所述，β_{ac}為決定輸入阻抗的重要因素。電晶體的β_{ac}值會限制射極隨耦器的最大可能輸入阻抗。

提高輸入阻抗的方法，可利用圖 11-3 的達靈頓電路。這種電路將兩電晶體集極相連，而以第一個電晶體的射極推動第二個電晶體的基極，使此種組態可獲得β_{ac}相乘的效果，動作原理說明如下：

第一個電晶體的射極電流：

$$I_{e1} \cong \beta_{ac1} I_{b1}$$

此射極電流成為第二個電晶體的基極電流，而再衍生了第二個電晶體的射極電流。

$$I_{e2} \cong \beta_{ac2} I_{e1}$$

$$I_{e2} \cong \beta_{ac1} \beta_{ac2} I_{b1}$$

因此，達靈頓電路的有效電流增益為

$$\beta_{ac} \simeq \beta_{ac1} \beta_{ac2}$$

輸入阻抗為$\beta_{ac1} \beta_{ac2} R_E$。

達靈頓可廣泛使用在聲頻功率放大器、高電流驅動開關及其它功率開關應用。

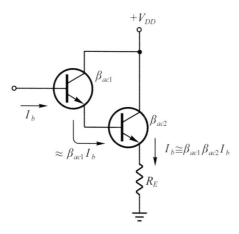

圖 11-3　達靈頓電路

共基極放大器

　　共基極放大器(CB)具有高電壓增益而不具有電流增益。由於具有極低的輸入電阻，因此共基極放大器幾乎都是應用在高頻方面，因為這種信號源具有較低的輸出阻抗。

　　基本的共基極放大器如圖 11-4 所示，其基極因電容器C_2的耦合作用，位於交流接地端，而輸入信號則加在射極上，其輸出則由集極經耦合電容器C_3取出。

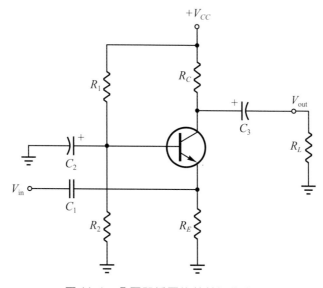

圖 11-4　分壓器偏壓的共基極放大器

Lab**11**

電壓增益

　　圖 11-5 為共基極放大器的 r 參數交流等效電路，由射極至集極的電壓增益推導如下：

$$A_v = \frac{V_{\text{out}}}{V_{\text{in}}} = \frac{V_{\text{out}}}{V_e} = \frac{I_c R_c}{I_e(r_e{'}/\!/R_E)} \cong \frac{I_e R_c}{I_e(r_e{'}/\!/R_E)}$$

假如 $R_E \gg r_e{'}$ 則

$$A_v \cong \frac{R_c}{r_e{'}}$$

請注意公式與共射極放大器相同，但射極輸入波形與集極輸出波形並沒有相位倒置。

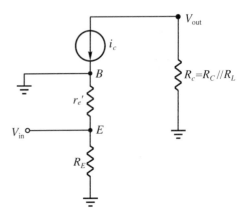

圖 11-5　共基極交流等效電路

輸入電阻

　　由電晶體射極看入的輸入電阻為

$$R_{\text{in(emitter)}} = \frac{V_{\text{in}}}{I_{\text{in}}} = \frac{V_e}{I_e} = \frac{I_e(r_e{'}/\!/R_E)}{I_e}$$

假如 $R_E \gg r_e{'}$，則

$$R_{\text{in(emitter)}} \cong r_e{'}$$

R_E 的典型值通常較 $r_e{'}$ 大很多，因此上式的假設 $r_e{'}/\!/R_E \cong r_e{'}$ 是可接受的。

輸出電阻

　　由電晶體集極端看入時，集極交流電阻 $r_c{'}$（電晶體內部的交流集極電阻）與 R_C 並聯，而 $r_c{'}$ 原則上甚大於 R_C，故輸出阻抗近似式為

$$R_{\text{out}} = r_c{'}/\!/R_C$$

$$R_{\text{out}} \cong R_C$$

電流增益

電流增益是由輸出電流除以輸入電流的結果。I_c為交流輸出電流，而I_e為交流輸入電流。由於$I_c \cong I_e$，所以電流增益接近於 1。

$$A_i \cong 1$$

二、所需設備及材料

設備表

儀器名稱	數量
萬用電表	1
雙軌示波器	1
雙電源供應器	1
信號產生器	1

共集極放大器材料表

名　稱	代　號	規　格	數　量
電阻器	R_1，R_2	18kΩ　1/4W	2
	R_E，R_L	1kΩ　　1/4W	2
麥拉電容器	C_1	1μF	1
電解電容器	C_2	10μF　25V	1
電晶體	Q_1	2N2222A(NPN)	1

E　B　C

Lab**11**

共基極放大器材料表

名　稱	代　號	規　格	數　量
電阻器	R_1	33kΩ　1/4W	1
	R_2	5.1kΩ　1/4W	1
	R_{E1}	100Ω　1/4W	1
	R_{E2}	220Ω　1/4W	1
	R_{E3}	470Ω　1/4W	1
	R_L、R_C	2.2kΩ　1/4W	2
麥拉電容器	C_1	1μF	1
電解電容器	C_2，C_3	47μF　25V	2
電晶體	Q_1	2N2222A(NPN)	1

三、實驗項目及步驟

項目一 共集極放大器

步驟 1：以萬用電表的Ω檔測量實驗報告的表 11-A所列的電阻值並記錄於其上。此測量值將使用於後續的計算式。

步驟 2：根據圖 11-6(a)所示的分壓式偏壓電路，計算列於實驗報告的表 11-B 所列的直流參數值並記錄於其上(可參考如下公式)。注意V_B、V_C和V_E是對地的端電壓值。

直流參數計算參考公式表

$V_B = \left(\dfrac{R_2}{R_1 + R_2}\right)V_{CC}$ 假設 $\beta_{DC}R_E \gg R_2$	$V_E = V_B - V_{BE}$
$I_E = \dfrac{V_E}{R_E}$	$V_{CE} = V_C - V_E$

步驟 3： 取一顆編號為 2N2222A 之 NPN 電晶體依圖 11-6(a)所示的電路接線並將電源供應器的電源打開且輸出 + 10V。依實驗報告的表 11-B 所要求的量測其直流參數值並記錄於其上。注意 V_B、V_C 和 V_E 是對地的端電壓值。

步驟 4： 將圖 11-6(a)擴充成圖 11-6(b)所示的共集極放大器。計算列於實驗報告的表 11-C 所要求的交流參數值並記錄於其上(可參考如下公式)。假設 β_{ac} = 175。

交流參數計算參考公式表

$r_e{'} = \dfrac{25\text{mV}}{I_E}$	$R_{\text{in(base)}} \cong \beta_{ac} \cdot R_e$
$A_v = \dfrac{R_e}{r_e{'} + R_e}\quad(R_e = R_E /\!/ R_L)$	

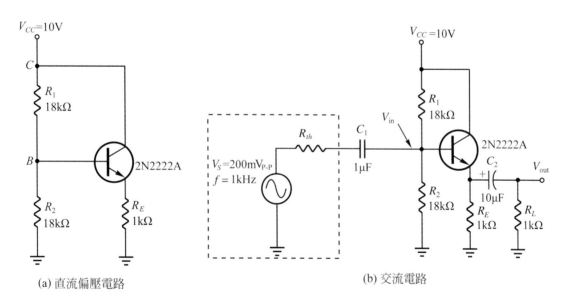

圖 11-6　共集極放大器

(a) 直流偏壓電路　　　　　　　　　(b) 交流電路

步驟 5： 由信號產生器來提供振幅為 200mV$_{\text{p-p}}$ 且頻率為 1.0kHz 的弦波做為電路的輸入。可利用示波器觀察其波形振幅與週期並將其接至電容器 C_1 負端。

步驟 6： 使用雙軌示波器的 CH1 量測電晶體的交流輸入信號波形 V_{in}，將其波形描繪於實驗報告的圖 11-A。再使用示波器的 CH2 量測交流輸出信號波

Lab **11**

形V_{out}並將選擇操作模式開關切換至"BOTH"，並同時將輸入信號波形V_{in}與輸出信號波形V_{out}描繪於實驗報告的圖 11-B。計算其電壓增益值並記錄於實驗報告的表 11-C。

項目二 共基極放大器(使用 TinkerCAD 之共基極放大器教學影片)

步驟 1： 以萬用電表的Ω檔測量實驗報告的表 11-D所列的電阻值並記錄於其上。此測量值將使用於後續的計算式。

步驟 2： 根據圖 11-7(a)所示的分壓式偏壓電路，計算實驗報告的表 11-E 所列的直流參數值並記錄於其上(可參考如下公式)。注意V_B、V_C和V_E是對地的端電壓值。

$V_B \cong \left(\dfrac{R_2}{R_1+R_2}\right)V_{CC}$ 假設 $\beta_{DC}R_E \gg R_2$	$V_E = V_B - V_{BE}$
$I_E = \dfrac{V_E}{R_E}$	$V_{CE} = V_C - V_E$

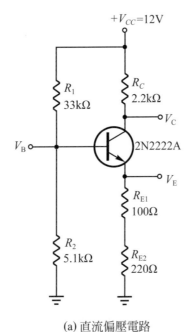

(a) 直流偏壓電路

圖 11-7　共基極放大器

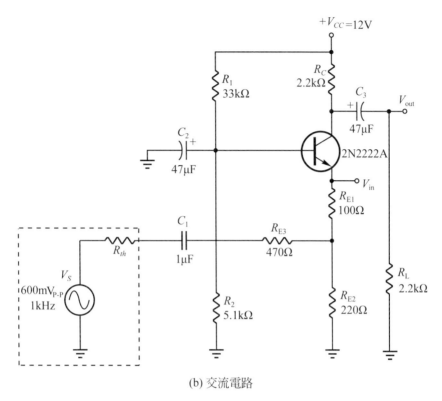

(b) 交流電路

圖 11-7 　共基極放大器(續)

步驟 3： 取一顆編號為2N2222A之NPN電晶體依圖 11-7(a)所示接線，且將電源供應器的電源打開並設定為 ＋12V 輸出。依實驗報告的表 11-E 所要求的量測其直流參數值並記錄於其上。注意V_B、V_C和V_E是對地的端電壓值。

步驟 4： 將圖 11-7(a)擴充成圖 11-7(b)所示的共基極放大器。計算列於實驗報告的表 11-F 所要求的交流參數值並記錄於其上(可參考如下公式)。

交流參數計算參考公式表

$r_e' \cong \dfrac{25\text{mV}}{I_E}$	$A_v \cong \dfrac{R_c}{r_e'}$
$R_c = R_C /\!/ R_L$	$R_{in(emitter)} \cong r_e'$

步驟 5： 由信號產生器來提供振幅為$600\text{m}V_{p\text{-}p}$且頻率為 1.0kHz 的弦波做為電路的輸入。可利用示波器觀察其波形振幅與週期並將其接至電容器C_1的負端。

Lab**11**

步驟 6： 使用雙軌示波器的 CH1 量測電晶體的交流輸入信號波形 V_{in}，將其波形描繪於實驗報告的圖 11-C。同時使用示波器的 CH2 則量測交流輸出信號波形 V_{out} 並將選擇操作模式開關切換至 "BOTH"，並將輸入信號波形 V_{in} 與輸出信號波形 V_{out} 兩者描繪於實驗報告的圖 11-D，並計算其電壓增益值並記錄於實驗報告的表 11-F。

綜合討論： BJT 電晶體放大器共有三種型態，分別為共射極(CE)放大器、共集極(CC)放大器和共基極(CB)放大器。將其重要特性分列於表 1。

表 1　BJT 電晶體三種放大器類別的比較

特性 放大 器類別	電路組態	電壓增益	電流增益	信號波形 相位差異	備註
共射極放大器 (CE)	輸入信號 在 B 極 輸出信號 在 C 極	$A_v = -\dfrac{R_C}{r'_e + R_E}$ 電壓增益較大	$A_i = \dfrac{i_c}{i_{in}}$	輸入與輸出信號波形相位差 180°	可藉由射極旁路電容增大電壓增益
共集極放大器 (CC)又稱射極 隨耦器	輸入信號 在 B 極 輸出信號 在 E 極	$A_v = \dfrac{R_e}{r_e + R_e} \cong 1$ $R_e = R_E \parallel R_L$ 電壓增益小於 1	$A_i = \dfrac{I_e}{I_{in}} \cong \dfrac{I_e}{I_b}$ $\cong \beta_{ac}$ 電流增益較大	輸入與輸出信號波形同相位	可組成達靈頓對以提高輸入阻抗，可廣泛使用在聲頻功率放大器
共基極放大器 (CB)	輸入信號 在 E 極 輸出信號 在 C 極	$A_v \cong \dfrac{R_C}{r'_e}$ 電壓增益較大	$A_i \cong 1$	輸入與輸出信號波形同相位	因具極低的輸入電阻，常應用於高頻電路

ELECTRONICS Lab I

串級放大電路

實驗目的

1. 學習建構一個串級放大器,並能量測其各級放大器的直流和交流參數值。

2. 學習檢測兩級放大器的故障點。

一、相關知識

串級放大器

　　某些放大器可作爲串極連接，即前級的輸出做爲下一級的輸入。串連的每一個放大器稱爲一級，串級放大器的主要目的在於提昇整體的增益。

串級增益

　　如圖 12-1 所示，串級放大器的總增益A_v，爲各級增益的乘積

$$A_v = A_{v1} A_{v2} A_{v3} \cdots\cdots A_{vn} \ (n爲放大器的級數)$$

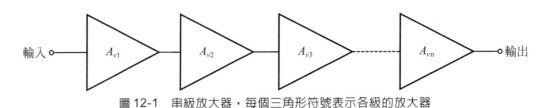

圖 12-1　串級放大器，每個三角形符號表示各級的放大器

電壓增益的分貝值

　　放大器的電壓增益常以「分貝」dB 表示如下：

$$A_v(\mathrm{dB}) = 20 \log A_v$$

此種表示法在多級放大器系統下對於總增益的計算較爲方便。因爲以 dB 爲計量的多級放大器其電壓增益值總合爲各級電壓增益分貝值(dB)的和。

$$A_v(\mathrm{dB}) = A_{v1}(\mathrm{dB}) + A_{v2}(\mathrm{dB}) + \cdots + A_{vn}(\mathrm{dB})$$

串級分析

　　現以兩級放大器作分析解說。圖 12-2 的串極放大器中兩個放大器均爲共射極組態。第一級的輸出以電容器C_3耦合至第二級放大器的輸入端。以電容器做耦合可防止各級放大器間直流成份的相互影響。在圖 12-2 中，各級放大器的電晶體分別以Q_1和Q_2標示之(Q_1與Q_2的$\beta_{\mathrm{DC}} = \beta_{ac} = 150$)。

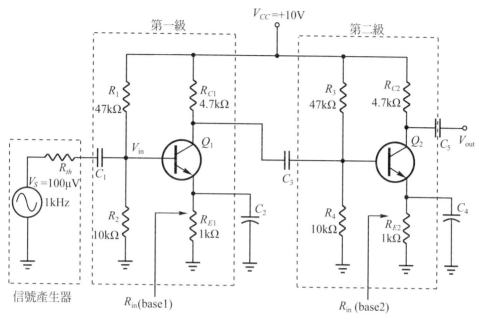

圖 12-2　串級放大電路

負載效應

在求第一級放大器的增益時，必須考慮第二級放大器對第一級放大器所形成的負載效應。由於假設耦合電容器C_3對該交流信號頻率呈現短路$X_{C3} \cong 0$，所以第二級放大器的輸入阻抗變成第一級的交流負載。

從第一級Q_1的集極往右看，第二級的兩個偏壓電阻R_3、R_4與Q_2的基極輸入阻抗呈現並聯，也就是說對交流信號，由Q_1的集極往右所見到的總電阻是R_{C1}、R_3、R_4和第二級的$R_{\text{in(base2)}}$對交流接地成並聯。因此Q_1的等效交流集極電阻為上項電阻的並聯效應，如圖 12-3 所示。第一級放大器的電壓增益被第二級的負載效應所減少，因為第一級的集極有效電阻R_c小於真正的集極電R_{C1}，而電壓增益$A_V = \dfrac{R_c}{r_e{'}}$。

Lab**12**

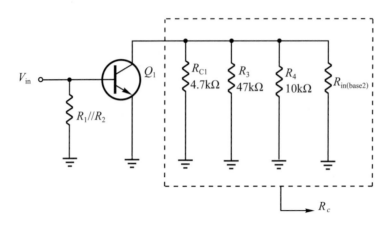

圖 12-3　考量第二級輸入阻抗負載效應的第一級放大器的交流等效電路

第一級電壓增益

第一級放大器的等效交流集極電阻為

$$R_c = R_{C1} /\!/ R_3 /\!/ R_4 /\!/ R_{\text{in(base2)}}$$

以圖 12-2 的串級放大器為例，由於此兩級放大器的電路組態相同，因此 Q_1 和 Q_2 的直流偏壓亦相同。Q_1 及 Q_2 的基極電壓皆為(假設 $\beta_{DC} = \beta_{ac} = 150$)

$$V_B \cong \left(\frac{R_2}{R_1 + R_2} \right) 10\text{V} = \left(\frac{10\text{k}\Omega}{57\text{k}\Omega} \right) 10\text{V} = 1.75\text{V}$$

直流射極電壓為

$$V_E = V_B - 0.7 = 1.05\text{V}$$

$$I_E = \frac{V_E}{R_E} = \frac{1.05\text{V}}{1\text{k}\Omega} = 1.05\text{mA}$$

$$I_C \cong I_E = 1.05\text{mA}$$

直流集極電壓為

$$V_{C1} = V_{CC} - I_{C1}R_{C1} = 10\text{V} - (1.05\text{mA})(4.7\text{k}\Omega) = 5.07\text{V}$$

$$r_e' = \frac{25\text{mV}}{I_E} = \frac{25\text{mV}}{1.05\text{mA}} = 23.8\Omega$$

以及　　　$R_{\text{in(base2)}} \cong \beta_{ac} \times r_e' = 3.57\text{k}\Omega$

因此第一級的集極交流有效電阻如下：

$$R_c = 4.7\text{k}\Omega / / 47\text{k}\Omega / / 10\text{k}\Omega / / 3.57\text{k}\Omega = 1.63\text{k}\Omega$$

因此可得到第一級放大器的電壓增益為：

$$A_{V1} = \frac{R_c}{r_e'} = \frac{1.63\text{k}\Omega}{23.8\Omega} = 68.5$$

以 dB 表示為如下：

$$A_{V1}(\text{dB}) = 20 \log (68.5) = 36.71 \text{ dB}$$

第二級電壓增益

　　因第二級放大器無負載電阻，所以其集極交流電阻只有R_{C2}，而其電壓增益則為：

$$A_{V2} = \frac{R_{C2}}{r_e'} = \frac{4.7\text{k}\Omega}{23.8\Omega} = 197.5$$

以 dB 表示為如下：

$$A_{V2}(\text{dB}) = 20 \log (197.5) = 45.91 \text{ dB}$$

　　將第一級的電壓增益A_{V1}(36.71dB)與此電壓增益A_{V2}(45.91dB)比較之，可發現前者因負載效應而大大地降低了增益值。

總電壓增益

　　此串級放大器的總電壓增益為：

$$A_V = A_{V1}A_{V2} = (68.5)(197.5) \cong 13{,}529$$

假設此兩級放大器的輸入信號為100μV，且將其基極電路的衰減不計的話，在第二級所得到的輸出結果將會是(13,529)(100μV) = 1.35V。總增益可用 dB 來表示。

$$A_V(\text{dB}) = 20 \log (13529) = 82.63 \text{ dB}$$

或　　　　$$A_V(\text{dB}) = A_{V1}(\text{dB}) + A_{V2}(\text{dB}) = 36.71\text{dB} + 45.91\text{dB}$$
$$= 82.63\text{dB}$$

Lab 12

▌故障檢修程序

　　基本的故障檢修程序稱為信號追蹤法，經常配合示波器的使用。一般商業的電子產品都有內部的技術手冊，提供技術員維修參考，且在電路圖上都標有檢測點(TP)以供檢測用。以圖 12-2 的兩級放大器為例，假設此串級放大器的最後一級無輸出信號而輸入信號正常。檢修時，一般從信號的消失點開始，一步一步往前找，直到有正確的電壓信號為止，則故障點必定是在第一個電壓信號正常點與輸出電壓信號消失點之間。

　　在測量信號電壓之前，最好能先檢視電路板或組件，看看是否有存在一些簡單的問題，例如斷線、焊接不良、錫接點短路等。

步驟 1： 檢查直流電源供應電壓；經常有些狀況只是簡單的如：保險絲燒斷或電源未開啟。電路因為沒有直流電源供給，電晶體當然不會工作。

步驟 2： 檢查 Q_2 的集極交流信號電壓；若此點信號電壓正確，則可判定為耦合電容器開路。若此點無信號電壓，則繼續步驟 3。

步驟 3： 檢查 Q_2 的基極交流信號電壓；若此點信號電壓正常，則故障點在放大器的第二級。首先在電路板上檢查電晶體，若正常，則可能是 Q_2 其中之一的偏壓電阻開路。果真是如此，則直流工作電壓將不正常。若 Q_2 的基極端無信號，則繼續步驟 4。

步驟 4： 檢查 Q_1 的集極交流信號；若此點信號電壓正常，則判定耦合電容器 C_3 開路。若 Q_1 的集極端無信號電壓，則繼續步驟 5。

步驟 5： 檢查 Q_1 的基極交流信號電壓；若此點信號電壓正常，則故障點在放大器的第一級。首先檢查電路板上的電晶體 Q_1，若正常，則可能是其中之一的偏壓電阻開路，果真是如此，則直流工作電壓將不正常。假如在此點仍無信號，則耦合電容器 C_1 開路，因為在一開始我們已經確認有信號加於輸入端。

二、所需設備及材料

設備表

儀器名稱	數量
萬用電表	1
雙軌示波器	1
雙電源供應器	1
信號產生器	1

材料表

名　稱	代　號	規　格	數　量
電阻器	R_1，R_3	10kΩ　1/4W	2
	R_{E1}，R_{E3}	100Ω　1/4W	2
	R_{E2}，R_{E4}	330Ω　1/4W	2
	R_{C1}，R_{C2}	1.0kΩ　1/4W	2
	R_2，R_4	4.7kΩ　1/4W	2
麥拉電容器	C_1，C_3，C_5	1μF	3
電解電容器	C_2，C_4	100μF　25V	2
電晶體	Q_1，Q_2	C1815(NPN)	2

E　C　B

三、實驗項目及步驟

項目一　串級放大器

步驟 1： 以萬用電表的Ω檔測量實驗報告的表 12-A 所列的電阻值並記錄於其上。
此測量值將使用於後續的計算式。

Lab**12**

步驟 2： 根據圖 12-4 所示的串級放大電路，計算列於實驗報告的表 12-B 所要求的直流參數值並紀錄於其上(可參考如下公式)。注意 V_B、V_E 和 V_C 是對地的端電壓值。

直流參數計算參考公式表

$V_B = \left(\dfrac{R_2}{R_1 + R_2}\right) V_{CC}$ 假設 $\beta_{DC} R_E \gg R_2$ $(R_E = R_{E1} + R_{E2})$	$V_E = V_B - V_{BE}$
$I_E = \dfrac{V_E}{R_E}$ $(R_E = R_{E1} + R_{E2})$	$V_C = V_{CC} - I_C R_C$
$V_{CE} = V_C - V_E$	

步驟 3： 取二顆編號為 C1815 之 NPN 電晶體以數位電表量測其 β_{DC} (h_{FE}) 值，並依圖 12-4 所示的兩級放大器電路接線。將信號產生器暫時關閉並依實驗報告的表 12-B 所列量測其直流參數值並記錄於其上。

步驟 4： 依圖 12-4 所示的兩級放大器電路，計算列於實驗報告的表 12-C 所要求的交流參數值並記錄於其上(可參考如下公式)。串級放大器的輸入信號 V_s 設為 $40mV_{p\text{-}p}$，且假設 β_{ac} 為 100。

交流參數計算參考公式表

$r_e' = \dfrac{25mV}{I_E}$	$A_V \cong \dfrac{R_c}{r_e' + R_{E1}}$
$R_c = R_C /\!/ R_L$	

步驟 5： 將電源供應器的電源打開並設定為 + 12V 輸出，且由信號產生器來提供振幅為 $40mV_{p\text{-}p}$ 且頻率為 1kHz 的弦波做為電路的輸入。可利用示波器的 CH1 觀察其波形振幅與週期。利用雙軌示波器的 CH1 量測第一級放大器的交流輸入信號波形 V_{in}，並將其波形描繪於實驗報告的圖 12-A。同時利用 CH2 量測第一級放大器的交流輸出信號波形 V_{out1}，並將選擇操作模式開關切換至"BOTH"。將第一級輸入信號波形與輸出信號波形 V_{out1} 兩者同時描繪於實驗報告的圖 12-B。計算其電壓增益值並記錄於實驗報告的表 12-C。

步驟 6：　以示波器的CH1量測第二級放大器的交流輸入信號波形V_{out1}，同時以示波器的CH2量測第二級放大器的交流輸出信號波形V_{out2}。並將兩者的波形描繪於實驗報告的圖 12-C。計算其電壓增益值並記錄於實驗報告的表12-C。

步驟 7：　再以示波器的 CH1 量測第一級放大器的交流輸入信號波形V_{in}，同時以示波器的CH2量測第二級放大器的交流輸出信號波形V_{out2}。並將兩者的波形描繪於實驗報告的圖 12-D。計算其電壓增益值並記錄於實驗報告的表 12-C。

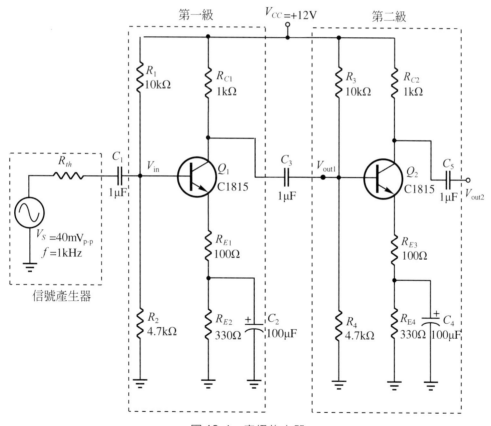

圖 12-4　串級放大器

Lab **12**

實驗 **13**

接面場效電晶體 (JFET)特性及其偏壓

實驗目的

1. 學習量測並描繪接面場效電晶體 (JFET)的汲極特性曲線。

2. 學習建構接面場效電晶體(JFET)的 偏壓電路並分析。

3. 學習認識 JFET 的規格表。

一、相關知識

接面場效電晶體(JFET)乃應用逆向偏壓調整接面空乏區寬度以控制通道中電流的元件。根據接面場效電晶體的結構，可以分成 N 通道和 P 通道兩大類。

JFET 電路符號

圖 13-1 所示為 N 通道及 P 通道之電路符號。特別注意閘極的箭頭方向，向內者為 N 通道，向外者為 P 通道。

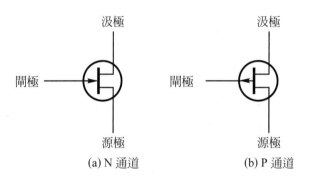

(a) N 通道　　　　　　(b) P 通道

圖 13-1　接面場效電晶體電路符號

JFET 之特性與參數

首先考慮當 JFET 的閘-源極電壓 V_{GS} 為零時，這可以經由短路閘-源極而得，如圖 13-2(a)。當 V_{DD} 從 0 開始增加時，I_D 會依比例而增加，如圖 13-2(b) 中的 A 點至 B 點之間。在這區間內，通道的電阻值是定值，因為空乏區的寬度在此時並沒有造成太大的影響。這一區段稱之為歐姆區，因為 V_{DS} 和 I_D 的關係符合了歐姆定律。在圖 13-2(b) 中由 B 點開始，曲線變為幾乎水平且 I_D 基本上為一定值。由 B 點到 C 點間，V_{DS} 逐漸增加，但閘極與汲極間的逆向偏壓 V_{GD} 所形成之空乏區大到足以抵消 V_{DS} 之增加量而使 I_D 維持定值。

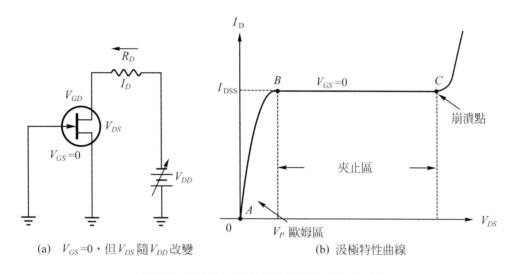

(a)　$V_{GS}=0$，但V_{DS}隨V_{DD}改變　　　(b) 汲極特性曲線

圖 13-2　N 通道 JFET 的汲極電流曲線之形成

▍夾止(Pinch-off)

在$V_{GS}=0$時，I_D由歐姆定律的線性關係轉變成常數時，其所對應的V_{DS}值稱爲夾止電壓(Pinch-off voltage)V_P(圖 13-2(b)中的 B 點)。對一個 JFET 來說，其V_P爲定值。如前所述，超過夾止電壓後，V_{DS}雖持續增加，汲極電流I_D仍維持定值。此汲極電流值是爲I_{DSS}(閘極短路情形下汲極至源極的電流)，且在 JFET 之規格表(附-15)中均會標示出來。I_{DSS}爲特定的 JFET 之最大汲極電流值與外接的線路無關，且均是在$V_{GS}=0$的情況下所得到的。圖 13-2(b)中，C 點爲崩潰點。當V_{DS}值超過C 點後，I_D值會隨V_{DS}的增加而快速地增加。因爲崩潰會導致元件永久的損壞，故 JFET 的操作點必須低於崩潰點而且常在定電流區(圖中的 B、C點之間)。

▍由V_{GS}控制I_D

如圖 13-3(a)在閘極到源極間連接一偏壓電壓V_{GG}。調整V_{GG}使得V_{GS}向負值逐漸增加時可得到如圖 13-3(b)之汲極電流特性曲線。特性曲線中顯示當V_{GS}愈負，I_D隨之下降。同時隨著V_{GS}向負值增加，JFET 的夾止電壓V_{DS}會降低。因此汲極電流受V_{GS}所控制，如圖 13-3(b)所示。

Lab 13

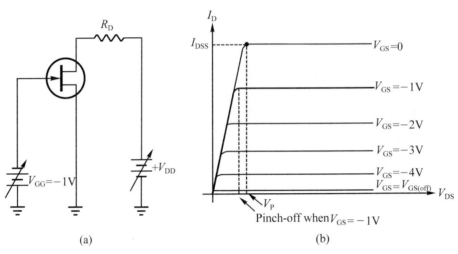

圖 13-3　(a)JFET 偏壓；(b)汲極電流特性曲線圖

截止(cut-off)

　　當I_D約為0時，V_{GS}之值被稱為截止電壓$V_{GS(off)}$。JFET必須維持在$V_{GS}=0$及$V_{GS(off)}$之間才能正常工作。在閘-源極電壓範圍內，I_D之值最大為I_{DSS}，最小則幾乎為0。在N通道JFET中，V_{GS}值愈負時夾止情形發生時之I_D愈小。當V_{GS}到達某一負值時，I_D會降到0。這是因為空乏區變得極寬以致於完全堵住了通道。

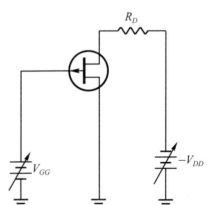

　　P通道JFET之動作與N通道元件相似，除了所需之V_{DD}為負及V_{GS}為正值之外，其餘則相同，如圖 13-4。

圖 13-4　P 通道之 JFET 經偏壓後情形

夾止與截止之比較

　　如前所述，夾止與截止並不相同，但二者之間有相當關聯。V_P是在$V_{GS}=0$且汲極電流為定值的情況下所量測到的V_{DS}值。然而，在V_{GS}不為0時所對應之夾止電壓V_{DS}會小於V_P，如圖 13-3(b)所示。雖然V_P為定值，但隨著V_{GS}的改變，使I_D維持定值之最小V_{DS}值會因此改變。

　　$V_{GS(off)}$與V_P必為值相等而符號相反的數值。一般 JFET 的規格表上會標示其中之一，$V_{GS(off)}$或V_P。但只要知道其中之一，另一個的值立即可求出。例如若標示$V_{GS(off)} = -5\text{V}$，則$V_P = +5\text{V}$。

■ JFET 的轉換特性

　　前面已談過JFET在$V_{GS} = 0$到$V_{GS(off)}$之間可以控制汲極電流。對N通道而言，$V_{GS(off)}$為負值，對 P 通道而言，$V_{GS(off)}$則為正。此二數值非常重要，因為V_{GS}確實控制I_D。圖 13-5 為一典型的 JFET 轉換特性曲線，其中的圖形說明了V_{GS}和I_D之間的關係。 注意曲線的底部和V_{GS}軸相交而得到$V_{GS(off)}$，曲線的頂端和I_D軸相交得到I_{DSS}。此特性曲線表示了JFET的工作限制為當$V_{GS} = V_{GS(off)}$時$I_D = 0$而當$V_{GS} = 0$時則$I_D = I_{DSS}$。

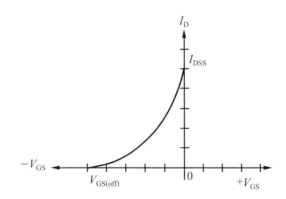

圖 13-5　JFET N 通道轉換特性曲線

　　上述JFET的轉換特性曲線實際上為一拋物線且可以下式表示之，

$$I_D = I_{DSS}\left(1 - \frac{V_{GS}}{V_{GS(off)}}\right)^2 \tag{13-1}$$

　　JFET的規格表可參考附-15 Toshiba的2SK30A為例，由電氣特性表中可找到I_{DSS}與$V_{GS(off)}$的值。

認識場效電晶體的規格表

圖 13-6

圖 13-6 為友順科技所生產的矽材質 N 通道場效電晶體編號 2SK303。

LOW-FREQUENCY
GENERAL-PURPOSE
AMPLIFIER APPLICATIONS

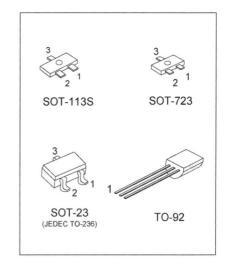

■ **FEATURES**

* Ideal For Potentiometers
* Analog Switches
* Low Frequency Amplifiers
* Constant Current Supplies
* Impedance Conversion

圖 13-7　　　　　　　　　　　　　　　　　　圖 13-8

圖 13-7 標示此產品的應用類別為低雜訊前置放大音調控制及 DC-AC 高輸入阻抗放大器電路使用。圖 13-8 下視圖標示元件的腳位，日製腳位 SGD 及各種規範的包裝代碼。

Maximum Ratings (Ta = 25°C)

Characteristics	Symbol	Rating	Unit
Gate-drain voltage	V_{GDS}	–50	V
Gate current	I_G	10	mA
Power Dissipation TO-92	P_D	625	mW

圖 13-9　最大額定值。汲極最大功率散逸 P_D 為 100 mW。

Electrical Characteristics (Ta = 25°C)

Characteristics	Symbol	Test Condition	Min	Typ.	Max	Unit
Gate cut-off current	I_{GSS}	$V_{GS} = -30\ V,\ V_{DS} = 0$	—	—	-1.0	nA
Gate-drain breakdown voltage	$V_{(BR)\,GDS}$	$V_{DS} = 0,\ I_G = -100\ \mu A$	-50	—	—	V
Drain-Soruse Leakage Current	I_{DSS}	$V_{DS} = 10\ V,\ V_{GS} = 0\ V$	0.6	—	12.0	mA
Gate Cutoff Voltage	$V_{GS\,(OFF)}$	$V_{DS} = 10\ V,\ I_D = 1\ \mu A$	—	-1	-4	V

圖 13-10

圖 13-10 註解：由圖 13-11 中的 I_{DSS} 和 $V_{GS(\text{off})}$，根據下式可繪出 JFET 電晶體的轉換特性曲線圖。

$$I_D = I_{DSS}\left(1 - \frac{V_{GS}}{V_{GS(\text{off})}}\right)^2$$

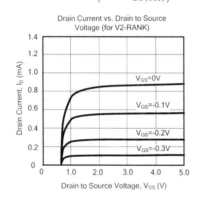

圖 13-11

圖 13-11　K30A 的汲極電流特性曲線圖 I_D-V_{DS}(低電壓區間)，V_{GS} 皆為負值。

JFET 的偏壓

　　偏壓的目的乃在於選擇適當的直流閘-源極電壓，以獲得所要的汲極電流，即是建立一個適當的 Q 點。

自給偏壓

　　因為 JFET 必需在閘-源極接合面間加上一逆向偏壓才能動作，因此 N 通道 JFET 需要一個負 V_{GS}，而 P 通道 JFET 需要一個正 V_{GS}。上述之需求可以經由自給偏壓而達成，如圖 13-12 所示。

Lab **13**

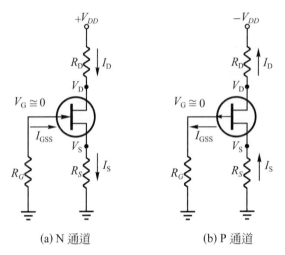

(a) N 通道   (b) P 通道

圖 13-12 JFET 自給偏壓(在所有的 JFET 中，$I_S = I_D$)

注意經由電阻 R_G 連接到地的閘級偏壓幾乎為 0V。閘極截止電流 I_{GSS} 會產生一非常小的電壓降於 R_G，但是這小電壓在許多情況之下可以忽略，因此可以假設 R_G 上沒有電壓降產生。

在圖 13-12(a)中之 N 通道 JFET，I_D 流過 R_S 而產生一電壓降，使得源極電位為正。因為 $V_G = 0$ 且 $V_S = I_D R_S$，因此閘-源極電壓為：

$$V_{GS} = V_G - V_S = 0 - I_D R_S$$

所以 $V_{GS} = -I_D R_S$

圖 13-12(b)中之 P 通道 JFET，電流流經 R_S，此時源極對地為負的電位差，因此

$$V_{GS} = V_G - V_S = 0 - (-I_D R_S)$$

$$V_{GS} = + I_D R_S$$

在往後分析中均以 N 通道 JFET 為例來說明。請隨時記住在分析 P 通道時除了電壓極性相反之外，一切之情況均相同。汲極對地電壓可以由下式決定

$$V_D = V_{DD} - I_D R_D$$

因為 $V_S = I_D R_S$，所以汲-源極電壓為

$$V_{DS} = V_D - V_S$$

$$V_{DS} = V_{DD} - I_D(R_D + R_S)$$

設定自給偏壓的工作點

若要設定JFET之偏壓點，必須先決定要求的V_{GS}值與其相對應的I_D值，然後利用下式以計算出所需的R_S值。

$$R_S = \left| \frac{V_{GS}}{I_D} \right|$$

對於指定的V_{GS}值，I_D可由以下兩種方法得到：從某特定JFET轉換特性曲線求出，或由規格表中查出I_{DSS}與$V_{GS(off)}$代入式(13-1)而得。

中點偏壓

通常JFET的偏壓點愈接近轉換特性曲線的中點愈好，亦就是$I_D = I_{DSS}/2$。在信號的各種條件已知時，中點電壓允許最大汲極電流之振幅在I_{DSS}和 0 之間有最大的變動範圍。利用式(13-1)，可證明當$V_{GS} = \dfrac{V_{GS(off)}}{3.414}$時，$I_D$為$I_{DSS}$的一半。

$$I_D = I_{DSS}\left(1 - \frac{V_{GS}}{V_{GS(off)}}\right)^2 = I_{DSS}\left[1 - \frac{V_{GS(off)}/3.414}{V_{GS(off)}}\right]^2$$
$$= I_{DSS}(1 - 0.2929)^2 = I_{DSS}(0.707)^2 \cong 0.5 I_{DSS}$$

因此，若選擇$V_{GS} = \dfrac{V_{GS(off)}}{3.414}$，可得$I_D$的中點偏壓。欲使汲極電壓在轉換曲線的中點$V_D = \dfrac{V_{DD}}{2}$，需選擇適當之$R_D$以得到所要的電壓降。$R_G$之值則可任意選擇一個夠大的值以避免造成串級放大器中推動級的負載效應。

分壓器偏壓

圖13-13為使用分壓器偏壓之N通道JFET，其源極電位必須高於閘極電位以保持閘-源極接面為逆向偏壓。

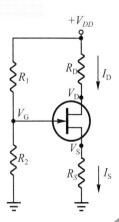

圖 13-13　使用分壓器偏壓的 N 通道 JFET

其源極電壓為

$$V_S = I_D R_S$$

閘極電壓則由 R_1 與 R_2 決定如下

$$V_G = \left(\frac{R_2}{R_1 + R_2} \right) V_{DD}$$

閘-源極電壓為

$$V_{GS} = V_G - V_S$$

源極電壓為

$$V_S = V_G - V_{GS}$$

汲極電流可表示為

$$I_D = \frac{V_S}{R_S} = \frac{V_G - V_{GS}}{R_S}$$

分壓器偏壓的 JFET 之圖解分析

分壓器偏壓的 JFET 在 $I_D = 0$ 時 V_{GS} 不為 0，因為分壓器使閘極與源極電流無關。分壓器的直流負載線可決定如下：

當 $I_D = 0$

$$V_S = I_D R_S = (0)R_S = 0\text{V}$$
$$V_{GS} = V_G - V_S = V_G - 0\text{V} = V_G$$

因此負載線上有一點是當 $I_D = 0$ 時，$V_{GS} = V_G$。

當 $V_{GS} = 0$

$$I_D = \frac{V_G - V_{GS}}{R_S} = \frac{V_G}{R_S}$$

負載線上的另一點在 $I_D = \frac{V_G}{R_S}$ 與 V_{GS} $= 0$ 處。分壓式偏壓的直流負載線如圖 13-14。

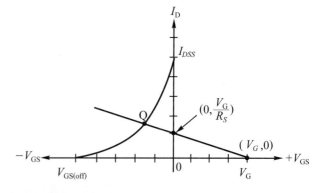

圖 13-14　JFET 以分壓器偏壓時的 DC 負載線

二、所需設備及材料

設備表

儀器名稱	數量
萬用電表	1
雙電源供應器	1

G
S
D

JFET 特性曲線材料表

名　稱	代　號	規　格	數　量
電阻器	R_G	10kΩ　1/4W	1
	R_D	100Ω　1/4W	1
接面場效電晶體	Q_1	K30A 或 2SK303 N 通道	1

S　　G　　D

JFET 分壓器偏壓電路材料表

名　稱	代　號	規　格	數　量
電阻器	R_1，R_2	2.2MΩ 1/4W	2
	R_D	680Ω 1/4W	1
	R_S	3.3kΩ 1/4W	1
接面場效電晶體	Q_1	K30A 或 2SK303N 通道	1

三、實驗項目及步驟

項目一　JFET 特性曲線描繪

步驟 1： 以萬用電表的 Ω 檔測量實驗報告的表 13-A 所列的電阻值並記錄於其上。此測量值將使用於後續的計算式。

步驟 2： 取一顆編號為 K30A 的 N 通道 JFET 依圖 13-15 所示的電路接線。R_G 是用於避免 JFET 操作於順向偏壓的情況，R_D 則為限流電阻。各項參數值請參考 K30A 之規格表。

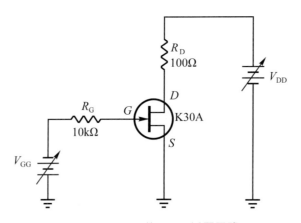

圖 13-15　　N 通道 JFET 偏壓電路

步驟 3： 將雙電源供應器的兩組輸出分別提供 V_{GG} 與 V_{DD}，同時將切換開關 "Tracking/ Independent" 設為 "Independent"(獨立)。

步驟 4： 開始時先將 V_{GG} 設為 0V 輸出。緩慢地將 V_{DD} 由 0 伏特逐漸增大，同時監看三用電表電壓檔的 V_{DS} 值直到 V_{DS} 約等於 1.0V。當 $V_{DS} = 1.0V$ 時測量 V_{RD} 的電位差，並記錄於實驗報告的表 13-B 的第二行，至於 I_D 則可利用歐姆定律 $I_D = \dfrac{V_{RD}}{R_D}$ 求得。

步驟 5： 將 V_{DD} 繼續增大，同時監看電壓表的 V_{DS} 值直到 V_{DS} 約等於 2.0V。當 $V_{DS} = 2.0V$ 時測量 V_{RD} 的電位差，並記錄於實驗報告的表 13-B，至於 I_D 則可利用歐姆定律 $I_D = \dfrac{V_{RD}}{R_D}$ 求得。

步驟 6： 重複步驟 5，將實驗報告的表 13-B 第 2 與第 3 行完成測量。

步驟 7： 將 V_{GG} 設為 -0.5V，重複步驟 4 和步驟 5，並完成實驗報告的表 13-B 第 4 與第 5 行的測量。

步驟 8： 調整 V_{GG} 的輸出為 -1.0V，重複步驟 4 和步驟 5，並完成實驗報告的表 13-B 第 6 與第 7 行的測量。

步驟 9： 調整 V_{GG} 的輸出為 -1.5V，重複步驟 4 和步驟 5，並完成實驗報告的表 13-B 第 8 與第 9 行的測量。

步驟 10： 將實驗報告的表 13-B 的數據以每一個 V_{GG} 定值，畫一條 V_{DS} 對 I_D 之曲線圖。以 V_{DS} 為 X-軸，I_D 為 Y-軸描繪於實驗報告圖 13-A。在此項目一共描繪四條曲線圖分別以 $V_{GG} = 0$V，-0.5V，-1.0V，-1.5V 為基礎。

項目二 JFET 分壓器偏壓 Q 點量測，決定圖 13-16(a)中用分壓器偏壓的 JFET 之 Q 點，其轉換特性曲線如圖 13-16(b)。提示：首先必須決定偏壓電路之負載線，在特性曲線上作圖找出 Q 點，再以目視估測工作電流 I_D 之值。

步驟 1： 以萬用電表的 Ω 檔測量實驗報告的表 13-C 所列的電阻值並記錄於其上。此測量值將使用於後續的計算式。

步驟 2： 根據圖 13-16(a)所示的分壓器偏壓電路，計算列於實驗報告的表 13-D 所要求的直流參數值(可參考下表的計算式)。

直流參數計算參考公式表

$$
\begin{array}{|c|c|}
\hline
\begin{aligned} &當 I_D = 0 \\ &V_{GS} = V_G = \left(\frac{R_2}{R_1 + R_2}\right) V_{DD} \end{aligned} & \begin{aligned} &當 V_{GS} = 0 \\ &I_D = \frac{V_G - V_{GS}}{R_S} = \frac{V_G}{R_S} \end{aligned} \\
\hline
\end{array}
$$

步驟 3： 將一顆編號為 K30A 的 N 通道 JFET 依圖 13-16(a)所示的分壓器偏壓電路接線。並依實驗報告的表 13-D 所要求的直流參數值，分別測量 V_G、V_D、V_S 與 V_{DS} 並記錄於其上。

Lab**13**

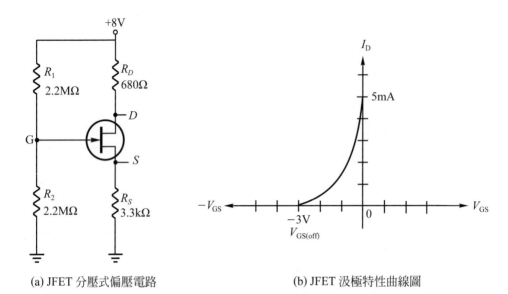

(a) JFET 分壓式偏壓電路　　　　　　　　　(b) JFET 汲極特性曲線圖

圖 13-16　JFET 分壓器偏壓電路靜態點計算

JFET 放大器

實驗目的

1. 學習建構一個共源極放大器,並能量測其各項直流和交流參數值。

2. 學習建構一個共汲極放大器,並能量測其各項直流和交流參數值。

3. 學習建構一個由雙極性電晶體(BJT)與接面場效電晶體(JFET)組成之放大器。

一、相關知識

JFET 放大器

　　N通道JFET自給偏壓電路中，交流信號經由電容器C_1耦合到圖 14-1(a)中的閘極。電阻R_G的目的乃在於(1)保持閘極電壓接近0伏特(因為I_{GSS}非常小)，(2)避免交流信號經由此電阻而旁路(電阻值通常為幾個 MΩ)。偏壓是由R_S之電位差決定。旁路電容器C_2使得 JFET 的源極實際上是交流接地。

　　信號電壓使得閘-源極電壓值在其 Q 點之上下範圍內變化，同時汲極電流亦產生變化。當汲極電流增加，則跨於R_D之電壓降亦會增加，導致汲極電壓降低。汲極電流在Q點上下變化之波形和閘-源極電壓波形相同。汲-源極電壓變化之波形和閘-源極電壓波形相位剛好相差 180°。如圖 14-1(b)所示。

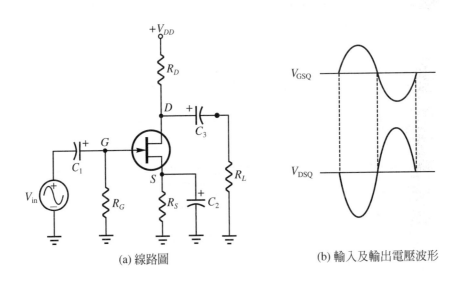

(a) 線路圖　　　　　　　　　　　(b) 輸入及輸出電壓波形

圖 14-1　JFET 放大器

圖形解說

　　N 通道 JFET 的動作情形可以用轉換特性曲線和汲極特性曲線來說明，如圖 14-2 所示。圖 14-2(a)為弦波V_{gs}之變化而產生相對的I_d變化。當V_{gs}由Q點朝負向移動時，I_d會因此下降。當V_{gs}向右移動時，I_d則會增加。

圖 14-2(b)所示為利用汲極特性曲線來說明同樣的動作原理。閘極信號使得汲極電流在負載線上的 Q 點上、下移動，如箭頭所指示。從閘極電壓的波峰點投影到I_D軸上然後反射到V_{DS}軸，表示汲極電流和汲-源極的波峰至波峰變化情形。

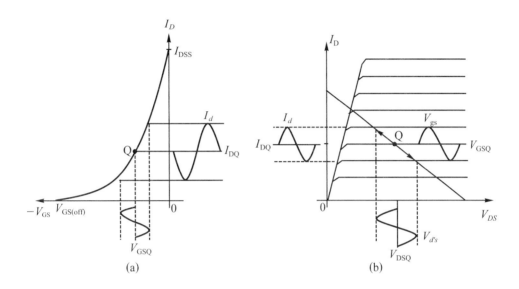

圖 14-2　(a)N 通道 JFET 轉換特性曲線顯示信號動作；(b)N 通道 JFET 汲極特性曲線所示信號動作

JFET 放大器的互導

互導的定義為$g_m = \Delta I_D / \Delta V_{GS}$。以交流的量表示之，則$g_m = I_d / V_{gs}$。重排左式後可得

$$I_d = g_m V_{gs}$$

此公式說明輸出電流I_d等於輸入電壓V_{gs}乘上互導g_m。

等效電路

JFET 交流等效電路如圖 14-3 所示。在圖 14-3(a)中，閘極與源極之間電阻為r_{gs}，汲極與源極之間有一電流源$g_m V_{gs}$。同時還有汲-源極間的內電阻r_{ds}。

圖 14-3(b)為簡化之理想圖。假設電阻r_{gs}為無限大，閘極與源極之間因此可被視為開路狀態。同時r_{ds}亦假設為一極大值而可被忽略。

Lab**14**

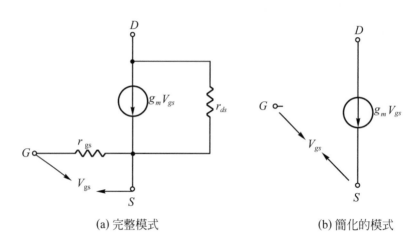

(a) 完整模式   (b) 簡化的模式

圖 14-3　JFET 等效電路

電壓增益

圖 14-4 為 JFET 的理想等效電路加上一個外在交流汲極電阻。此電路的交流電壓增益為 V_{out}，此處 $V_{in} = V_{gs}$，因此電壓增益可以表示如下：

$$A_v = \frac{V_{ds}}{V_{gs}} \tag{14-1}$$

從等效電路中我們可以知道

$$V_{ds} = -I_d R_d$$

從互導的定義如下：

$$V_{gs} = \frac{I_d}{g_m}$$

將此兩式帶入(14-1)式

$$A_v = \frac{-I_d R_d}{I_d / g_m}$$

$$A_v = -g_m R_d \tag{14-2}$$

此處負號，表示輸出信號與輸入信號相位差 180°，即反相。

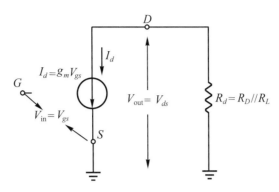

圖 14-4　JFET 等效電路與外在汲極電阻器

■ 外加電源電阻對增益的影響

　　如果在JFET的源極與地間加入一個電阻的話可以得到圖14-5之等效電路。從圖上電路可知閘極至接地的輸入電壓為

$$V_{in} = V_{gs} + I_d R_S$$

R_d之輸出電壓為

$$V_{out} = -I_d R_d$$

因此電壓增益可以由以下式子導出

$$
\begin{aligned}
A_v &= \frac{V_{out}}{V_{in}} = \frac{-I_d R_d}{V_{gs} + I_d R_S} \\
&= \frac{-g_m V_{gs} R_d}{V_{gs} + g_m V_{gs} R_S} \\
&= \frac{-g_m V_{gs} R_d}{V_{gs}(1 + g_m R_S)} \\
A_v &= \frac{-g_m R_d}{1 + g_m R_S}
\end{aligned}
$$

Lab **14**

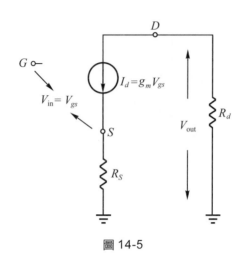

圖 14-5

JFET 共源極放大器

圖 14-6 所示為 N 通道 JFET 自給偏壓共源極放大器。電路中有電容器做輸出與輸入耦合以及源極旁路電容。此電路包括了直流與交流的動作原理。

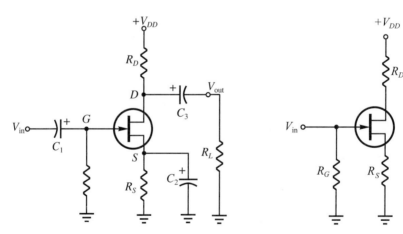

圖 14-6　JFET 共源極放大器　　　　圖 14-7　放大器的直流偏壓電路

直流分析

要分析圖 14-6 的放大器，首先必須確定其直流偏壓值。欲得此值，需將所有電容器開路，以繪出其直流偏壓電路圖，如圖 14-7 所示。

首先，I_D 必須在任何分析工作之前先決定。如果電路的偏壓是在負載線的中點時，I_D 可以利用 JFET 規格表中的 I_{DSS} 求出：

$$I_D = \frac{I_{DSS}}{2}$$

不然的話，I_D 必須在其他直流值計算之前知道。由電路中的參數來決定 I_D 是很煩鎖的一件事，因爲必須由(14-4)式中求解 I_D。

$$I_D = I_{DSS}\left[1 - \frac{I_D R_S}{V_{GS(\text{off})}}\right]^2 \tag{14-4}$$

一旦 I_D 求得，直流分析工作便可由下列各步驟得知

$$V_S = V_{GS} = I_D R_S$$
$$V_D = V_{DD} - I_D R_D$$
$$V_{DS} = V_D - V_S$$

交流等效電路

圖 14-6 的共源極放大器的小信號交流等效電路可以根據以下理由來建立；所有的電容器可以被短路掉，這是基於假設在該訊號頻率下，電容抗 $X_C \cong 0$ 而得。直流電源被接地，這是基於假設電壓源內阻爲 0 且 V_{DD} 端點的交流電位爲 0V，因此其動作如同交流接地。因此其交流等效電路可如圖 14-8 所示。

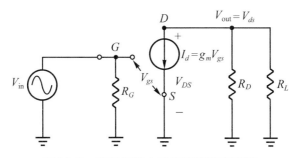

圖 14-8 共源極放大器的交流等效電路

輸出電壓

圖 14-8 中有一交流電壓源接到電路的輸入部份，因爲 JFET 的輸入阻抗非常

Lab 14

大，實際上大部份的輸入電壓均出現在閘極，只有極少部份的電壓降在電源內電阻上。

$$V_{gs} = V_{in}$$

共源極放大器的電壓增益可由前述得之：

$$A_v = g_m R_d$$

在汲極上的輸出電壓 V_{ds} 為

$$V_{out} = V_{ds} = A_v V_{gs} \text{ 或 } V_{out} = g_m R_d V_{in}$$

$R_d = R_D$ 為無負載電阻，有負載電阻時 $R_d = R_D /\!/ R_L$。

在汲極的輸出電壓其相位為 180° 反向於閘極輸入電壓。相位倒置有時以負電壓增益 $(-A_V)$ 表示之。

交流負載對增益的影響

當負載經由電容器 C_3 耦合到放大器的輸出端時，汲極電阻在交流信號頻率時相當於 R_D 和 R_L 的並聯值如圖 14-8 所示。注意 R_D 的上半部為交流接地。

交流信號分析時的汲極總電阻為

$$R_d = \frac{R_D R_L}{R_D + R_L}$$

R_L 的影響為降低電壓增益。

共汲極放大器

共汲極放大器又稱為源極隨耦器，因其源極輸出電壓與其閘極輸入電壓之比值近似於 1，且同相位。JFET 共汲極放大器如圖 14-9 所示，此電路採用自給偏壓方式。輸入信號是經由電容器耦合到閘極，輸出則在源極端點，此處沒有汲極電阻。

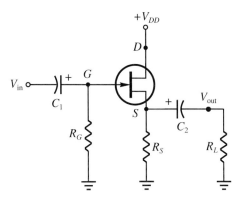

圖 14-9　JFET 共汲極放大器

電壓增益

放大器的電壓增益定義為$A_v = V_{out}/V_{in}$。對源極隨耦器而言$V_{out} = I_d R_s$及$V_{in} = V_{gs} + I_d R_s$如圖 14-10所示。因此共汲極電壓增益為$I_d R_s/(V_{gs} + I_d R_s)$。將$I_d = g_m V_{gs}$代入上式之後求得下式結果

$$A_v = \frac{g_m V_{gs} R_s}{V_{gs} + g_m V_{gs} R_s}$$

消去V_{gs}，可得

$$A_v = \frac{g_m R_s}{1 + g_m R_s}$$

此處須注意的是該電壓增益永遠略小於 1。如果$g_m R_s \gg 1$，那麼$A_v \cong 1$。因為輸出電壓是在源極，因此和閘極輸入電壓為同相位。

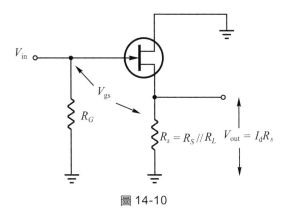

圖 14-10

Lab **14**

二、所需設備及材料

設備表

儀器名稱	數量
萬用電表	1
雙軌示波器	1
雙電源供應器	1
信號產生器	1

共源極放大器材料表

名　稱	代　號	規　格	數　量
電阻器	R_L	10kΩ　1/4W	1
	R_G	1MΩ　1/4W	1
	R_S	1kΩ　　1/4W	1
	R_D	3.3kΩ　1/4W	1
麥拉電容器	C_1	0.1μF	1
	C_3	1μF	1
電解電容器	C_2	10μF　25V	1
接面場效電晶體	Q	K30A 或 2SK303 N 通道	1

S　G　D

共汲極放大器材料表

名　稱	代　號	規　格	數　量
電阻器	R_L	10kΩ　1/4W	1
	R_G	1MΩ　　1/4W	1
	R_S	1kΩ　　1/4W	1
麥拉電容器	C_1	0.1μF	1
電解電容器	C_2	10μF　25V	1
接面場效電晶體	Q	K30A 或 2SK303 N 通道	1

JFET 前置放大器材料表

名　稱	代　號	規　格	數　量
電阻器	R_G	1MΩ 1/4W	1
	R_S	2.7kΩ 1/4W	1
	R_1	56kΩ 1/4W	1
	R_2	27kΩ 1/4W	1
	R_C	5.1kΩ 1/4W	1
	R_{E1}	180Ω 1/4W	1
	R_{E2}	3.9kΩ 1/4W	1
麥拉電容器	C_1	0.1μF	1
	C_3	1μF	1
電解電容器	C_2	10μF　25V	1
接面場效電晶體	Q_1	K30A 或 2SK303 N 通道	1
電晶體	Q_2	2N2222A (NPN)	1

三、實驗項目及步驟

項目一 共源極放大器

步驟 1: 以萬用電表的 Ω 檔測量實驗報告的表 14-A 所列的電阻值並記錄於其上。此測量值將使用於後續的計算式。

步驟 2: 取一顆編號為 K30A 之 N 通道接面場效電晶體依圖 14-11(a) 接線。依實驗報告的表 14-B 所列量測其直流參數值並記錄於其上。注意 V_G、V_S 和 V_D 是對地的電壓值。

步驟 3: 將圖 14-11(a) 擴充成 14-11(b) 所示的共源極放大器。由信號產生器的輸出來提供振幅為 $500 \text{mV}_{\text{p-p}}$ 且頻率為 1.0kHz 的弦波作為電路的輸入信號,並將其接至電容器 C_1 的負端。可利用示波器觀察其波形振幅與週期。

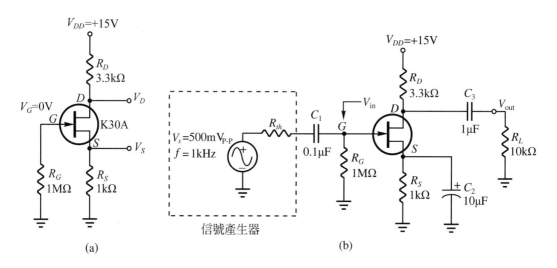

圖 14-11 共源極放大器

步驟 4: 將電源供應器的電源打開並設定為 + 15V 輸出,利用雙軌示波器的CH1 量測交流輸入信號波形 V_{in},並將其波形描繪於實驗報告的圖 14-A。同時使用示波器的 CH2 量測交流輸出信號波形 V_{out},並將選擇操作模式開關切換至 "BOTH"。同時將輸入信號波形 V_{in} 與輸出信號波形 V_{out} 兩者描繪於於實驗報告的圖 14-B。計算其電壓增益值並記錄於實驗報告的表 14-B。

項目二　共汲極放大器

步驟 1：　取一顆編號爲 K30A 之 N 通道接面場效電晶體依圖 14-12(a)所示接線。依實驗報告的表 14-C 所列測量其直流參數值並記錄於其上。注意 V_G、V_S 和 V_D 是對地的電壓值。

步驟 2：　將圖 14-12(a)擴充成 14-12(b)所示的共汲極放大器。由信號產生器的輸出來提供振幅爲 $2V_{p-p}$ 且頻率爲 1.0kHz 的弦波作爲電路的輸入信號，並將其接至電容器 C_1 的負端。可利用示波器觀察其波形振幅與週期。

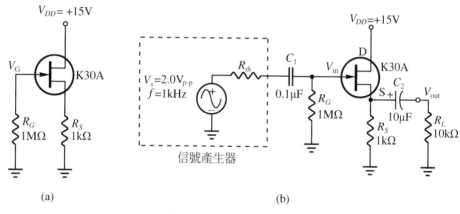

圖 14-12　共汲極放大器

步驟 3：　將電源供應器的電源打開並設定爲＋15V 輸出，利用雙軌示波器的CH1 測量交流輸入信號波形 V_{in}，並將其波形描繪於實驗報告的圖 14-C。同時使用示波器的 CH2 量測交流輸出信號波形 V_{out}，並將選擇操作模式開關切換至"BOTH"。同時將輸入信號波形與輸出信號波形兩者描繪於實驗報告的圖 14-D。計算其電壓增益值並記錄於實驗報告的表 14-C。

項目三　JFET 放大器的應用-前置放大器

步驟 1：　和電晶體(BJT)做比較，JFET的最大優點是具相當高的輸入阻抗。然而其仍然有低增益和非線性的缺點。爲互補兩者的優點，通常採取接面場效電晶體(JFET)與電晶體(BJT)二者搭配使用。圖 14-13 的電路設計即用 JFET 的高輸入阻抗爲第一級和高增益的共射極放大器爲第二級。以三用電表的Ω檔測量實驗報告的表 14-D所列的電阻值並記錄於其上。此測量值將使用於後續的計算式。

Lab **14**

步驟 2： 在做實驗前，先計算列於實驗報告的表 14-E 所要求的直流參數值。其中共射極放大器級的直流參數已於之前共射極放大器實驗中介紹過。為簡化計算，共汲極放大器級的增益定為 0.75(實際值則依規格表的g_m值而定)。使用 0.75 來計算交流基極電壓V_b。以電壓表測量並驗證先前的計算式合理且和預期的相符。將你的計算和測量值皆記錄於實驗報告的表 14-E。

步驟 3： 由信號產生器來提供振幅為 300mV$_{\text{p-p}}$且頻率為 1.0kHz 的弦波作為電路的輸入，並將其接至電容器C$_1$的負端。可利用示波器觀察其波形振幅與週期。將電源供應器的電源打開並設定為＋15V 輸出，利用雙軌示波器的CH1 測量交流輸入信號波形V_{in}，並將其波形描繪於實驗報告的圖 14-E。同時使用示波器的 CH2 量測交流輸出信號波形V_{out}，並將選擇操作模式開關切換至"BOTH"。 同時將輸入信號波形V_{in}與輸出信號波形V_{out}兩者描繪於實驗報告的圖 14-F。計算其電壓增益值並記錄於實驗報告的表 14-F。

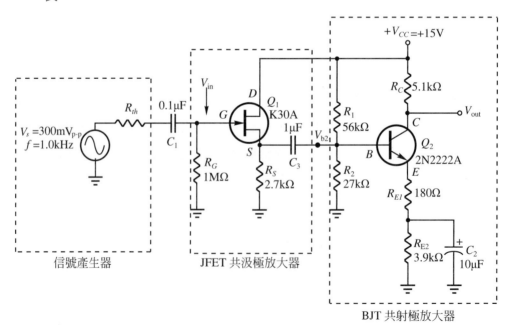

圖 14-13

實驗 **15**

A 類功率放大器

實驗目的

1. 學習計算一個 A 類功率放大器的直流與交流參數值。

2. 能預測並檢測出一個兩級放大器的故障所造成之效應。

3. 能計算出在負載端(喇叭)的交流功率消耗和該電路的功率增益。

一、相關知識

█ A 類放大器

不管是共射極、共集極或共基極放大器加上偏壓後，若能對輸入信號有全週期360度的線性放大作用，就稱之為A類放大器。在此種電路中，放大器並不進入截止或飽和區，因此輸出的電壓波形與輸入一樣。

如圖 15-1 所示，其輸出波形是輸入波形的放大複製沒有失真，但相位可能與輸入信號同相或 180 度反相。

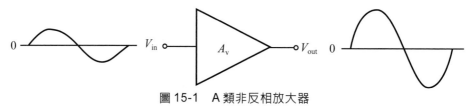

圖 15-1　A 類非反相放大器

█ 最大輸出信號的中央 **Q** 點

當放大器的工作點(Q點)位於負載線的中央時(飽和點與截止點之中點)，即可獲得最大的 A 類放大信號，如圖 15-2 所示。理想上，集極電流在其 Q 點值I_{CQ}可向上變化到飽和值$I_{c(sat)}$或向下移動到截止值0。

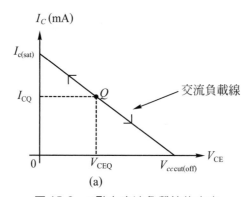

(a)

圖 15-2　Q點在交流負載線的中央

集極電流峰值以I_{CQ}表示，集-射極峰值電壓則以V_{CEQ}表示，這是 A 類放大器可能獲得的最大信號，如圖 15-3(a)所示。若輸入信號過大，放大器將進入截止區與飽和區而發生截波情形，如圖 15-3(b)所示。

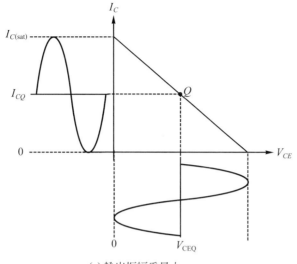

(a) 輸出振幅為最大

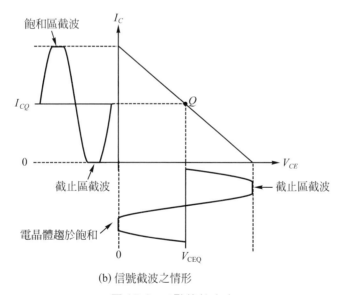

(b) 信號截波之情形

圖 15-3　　Q 點位於中央

▋非中央 Q 點限制輸出信號

　　若 Q 點不在負載線的中央，則其輸出將受到限制。圖 15-4(a) 的 Q 點靠近截止區，其輸出擺幅受到截止區的限制，集極電流僅能由 I_{CQ} 向下擺到接近 0 或向上變化到相同數量的對應位置，集-射極電壓因此也僅在 V_{CEQ} 與截止值之間對應變化而已。若放大器輸入信號過大，則將形成如圖 15-4(b) 的截波輸出。

Lab**15**

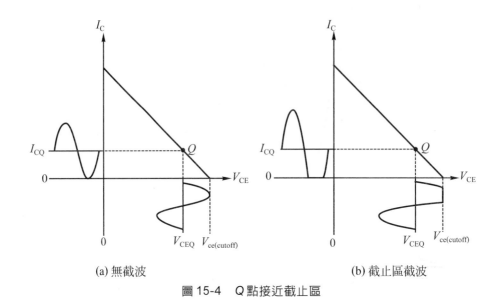

(a) 無截波　　　　　　　　　　　(b) 截止區截波

圖 15-4　　Q 點接近截止區

　　圖 15-5(a)所繪爲 Q 點靠近於飽和點，在此狀況下其輸出信號大小就受限於飽和作用，集極電流僅能在 I_{CQ} 點到飽和點間作對應的大小變化，集-射極電壓則在 V_{CEQ} 與飽和點間產生對應的上下擺動。若輸入信號過大，在飽和區亦會發生截波作用，如圖 15-5(b)所示。

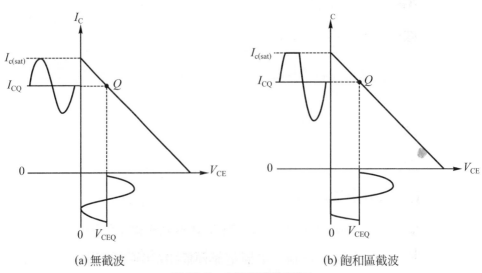

(a) 無截波　　　　　　　　　　　(b) 飽和區截波

圖 15-5　　Q 點接近飽和區

大信號負載線動作

　　就前面的實驗所知，圖 15-6 所示的共射極放大器可以直流和交流等效電路表示之。利用圖 15-7(a)的直流等效電路，可求出直流負載線如下：

　　對應$I_{C(\text{sat})}$，所以

$$I_{C(\text{sat})} \cong \frac{V_{CC}}{R_C + R_E}$$

當$V_{CE(\text{cutoff})}$截止時，$I_C \cong 0$，所以

$$V_{CE(\text{cutoff})} \cong V_{CC}$$

直流負載線如圖 15-7(b)所示。

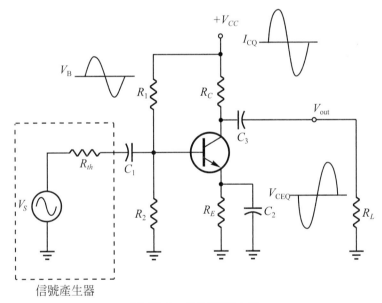

圖 15-6　共射極放大器

Lab**15**

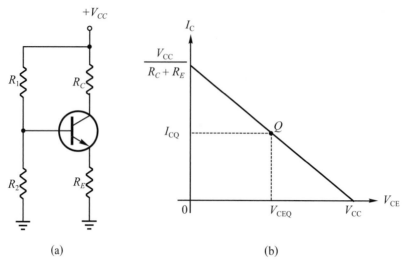

(a)　　　　　　　　　　　　　　　(b)

圖 15-7　直流等效電路與直流負載線

交流負載線

　　圖 15-6 所示之電路由交流之觀點來看與從直流觀點所看到的電路不同。因耦合電容C_3之故，其交流集極電阻是由R_L與R_c並聯組成與直流分析時不同，且旁路電容C_2使射極電阻為 0Ω，因此交流負載線與直流負載線並不相同。在交流時，有多少集極電流產生於電晶體飽和之前？欲回答此問題，則必須參考圖 15-8 的交流等效電路與負載線。

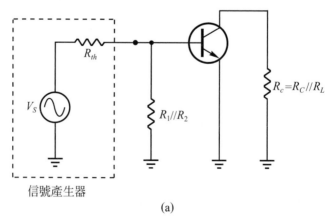

信號產生器

(a)

圖 15-8　交流等效電路與交流負載線

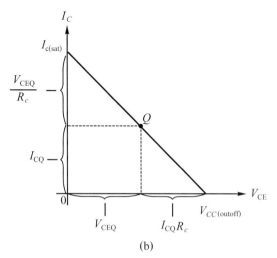

圖 15-8　交流等效電路與交流負載線 (續)

I_{CQ} 與 V_{CEQ} 為直流靜態點 Q 的兩個對應值，在 Q 點與飽和點之間，集-射極電壓會有 V_{CEQ} 到 0 的變化區間，即 $\Delta V_{CE} = V_{CEQ}$，集極電流在 Q 點與飽和點間的變化值 ΔI_c 計算如下：

$$\Delta I_c = \frac{\Delta V_{CE}}{R_C // R_L} = \frac{V_{CEQ}}{R_c}$$

$R_c = R_C // R_L$ 為交流集極電阻。交流集極電流最大值(飽和)時為

$$I_{c(sat)} = I_{CQ} + \Delta I_c$$

所以　　　　$I_{c(sat)} = I_{CQ} + \dfrac{V_{CEQ}}{R_c}$

既然集極電流會由 I_{CQ} 變到 0，即 $\Delta I_c = I_{CQ}$，所以集-射極電壓又可表示成：

$$\Delta V_{CE} = (\Delta I_c)R_c = I_{CQ}R_c$$

而集-射極間的截止電壓為：

$$V_{CE(cutoff)} = V_{CEQ} + I_{CQ}R_c$$

上述討論的結果繪於圖 15-9 的交流負載線內，同時繪出其對應的直流負載線，以供比較。

Lab**15**

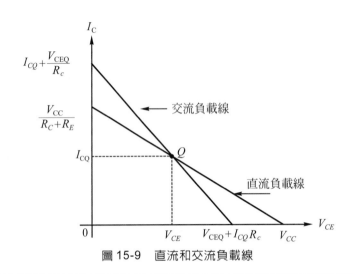

圖 15-9　直流和交流負載線

將 Q 點放在交流負載線中央

欲使圖 15-9 之 Q 點位於負載線中央，I_{CQ} 必須在交流負載線的 0 點與飽和點中央，且 V_{CEQ} 須位於交流負載線的 0 點與截止點之中央

$$I_{CQ} = \frac{(I_{CQ} + V_{CEQ}/R_c)}{2} \tag{15-1}$$

$$V_{CEQ} = \frac{(V_{CEQ} + I_{CQ}R_c)}{2} \tag{15-2}$$

展開式(15-2)可得

$$2V_{CEQ} = V_{CEQ} + I_{CQ}R_c$$

$$2V_{CEQ} - V_{CEQ} = I_{CQ}R_c$$

$$V_{CEQ} = I_{CQ}R_c \tag{15-3}$$

欲將 Q 點移至負載線中點時，可改變 I_{CQ} 之值直到(15-3)式之等號兩邊約略相等。欲將 Q 點向截止區移動，而不改變負載線的話，則可增加 R_E 以降低 I_{CQ}。而將 Q 點移向飽和區而不改變負載線時，則降低 R_E 以增加 I_{CQ}。

大信號電壓增益

欲求 A 類放大器的大信號電壓增益，除了公式 $r_e' \cong \frac{25\,\mathrm{mV}}{I_E}$ 不能適用外，與小信號電壓增益的求法相同，其原因是交流輸入信號的變化區間大，而 $r_e' = \frac{\Delta V_{BE}}{\Delta I_C}$ 為交流狀況下的射極電阻，此值並非一線性值，自然與小信號的固定射極電阻不同。

因此，大信號電壓增益的射極電阻r_e'可用公式(15-4)，以圖解法在互導曲線上求得，如圖 15-10。請注意r_e'是用以區別小信號的r_e。

$$r_e' = \frac{\Delta V_{BE}}{\Delta I_C} \tag{15-4}$$

共射極組態的大信號放大器，其電壓增益公式即為

$$A_V = \frac{R_c}{r_e'}$$

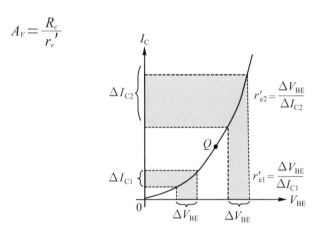

圖 15-10　r_e'可由互導曲線求得

非線性失真曲線

當集極電流變動於較大的互導曲線範圍時，其負半週輸出波形將會產生失真，這是因為在互導曲線的較低端呈現較大的非線性性質，因此輸出波形會受此限制而失真，如圖 15-11 所示。

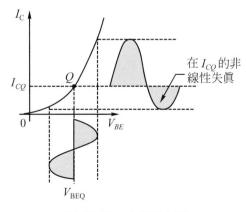

圖 15-11　非線性失真

Lab**15**

若要抑制這種非線性失真輸出，可將集極電流保持在輸入曲線較為線性的區間，即是位於較高的I_{CQ}和其對應的V_{BEQ}間。

功率增益

大信號放大器的主要目的在於獲得功率增益，若假設的大信號電流增益A_i近似於$β_{DC}$，則共射極放大器的功率增益為：

$$A_p = A_i A_v = β_{DC} A_v$$

$$A_p = β_{DC} \left(\frac{R_c}{r_e'} \right)$$

靜態點功率

電晶體經過偏壓後，在未加輸入信號時的功率消耗，是Q點電流與電壓的乘積：

$$P_{DQ} = I_{CQ} V_{CEQ}$$

此值是A類放大器中電晶體所負荷的最大功率，所以選擇功率電晶體時，要注意其功率額定值必須要大於靜態點功率才行。

輸出功率

一般而言，不論 Q 點在交流負載線的哪個位置，共射極放大器的輸出功率均為集極電流均方根值(有效值)與集-射極電壓均方根值的乘積：

$$P_{out} = V_{ce(rms)} I_{c(rms)}$$

考慮三種Q點位置的輸出功率：

Q點靠近飽和區：當Q點靠近飽和區時，其最大集-射極電壓為V_{CEQ}，而最大集極電流則為V_{CEQ}/R_c，如圖 15-12 (a)所示。因此輸出功率

$$P_{out} = (0.707 V_{CEQ}/R_c)/(0.707 V_{CEQ})$$

$$P_{out} = \frac{0.5 V_{CEQ}^2}{R_c}$$

此處$R_c = R_C // R_L$。

Q點靠近截止區：當 Q 點靠近截止區時，集極電流的最大值為I_{CQ}，而集-射極電壓最大值則為$I_{CQ} R_c$，如圖 15-12(b)所示。因此其輸出功率

$$P_{\text{out}} = (0.707 I_{CQ})(0.707 I_{CQ} R_c)$$
$$P_{\text{out}} = 0.5 I_{CQ}^2 R_c$$

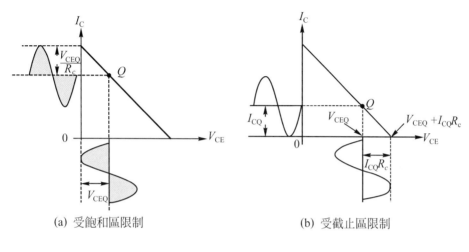

(a) 受飽和區限制　　　　(b) 受截止區限制

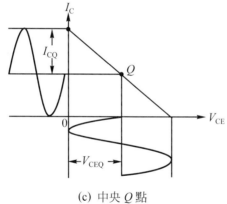

(c) 中央 Q 點

圖 15-12　由交流負載線所示的輸出電壓限制情形

Q 點位於中點：當 Q 點位於中央時，最大的集極電流為 I_{CQ}，而集-射極電壓最大值為 V_{CEQ}，如圖 15-12(c)所示。輸出功率為

$$P_{\text{out}} = (0.707 V_{CEQ})(0.707 I_{CQ})$$
$$P_{\text{out}} = 0.5 V_{CEQ} I_{CQ}$$

上式是A類放大器在有輸入信號狀況下，可能獲得的最大交流輸出功率，請注意其值僅是靜態點功率消耗的一半而已。

Lab**15**

二、所需設備及材料

設備表

儀器名稱	數量
萬用電表	1
雙軌示波器	1
雙電源供應器	1
信號產生器	1

材料表

2N3055

名　稱	代　號	規　格	數　量
電阻器	R_1，R_3	10kΩ　1/4W	2
	R_2	4.7kΩ　1/4W	1
	R_4	22kΩ　1/4W	1
	R_C	1kΩ　1/4W	1
	R_{E1}	100Ω　1/4W	1
	R_{E2}	330Ω　1/4W	1
	R_{E3}	22Ω　2W	1
麥拉電容器	C_1，C_3	1μF	2
電解電容器	C_2，C_4	100μF　25V	2
電晶體	Q_1，Q_2	C1815 (NPN)	2
	Q_3(TO-220)	2N3055(NPN)	1
揚聲器	Speaker(SP)	8Ω　2W	1

圖 15-13　揚聲器測試

　　本實驗採用 8Ω2W 的揚聲器，所以使用三用電表 R×1 檔測之，應指示 6～8Ω 左右。另使用三用電表的測試棒，一枝固定不動，另一枝間斷碰觸，如圖 15-13，則揚聲器應發出(喀！喀！)聲，否則為不良品。本實驗選用的功率晶體為 TO-220 包裝的 2N3055，其腳位可參考附-18 規格表。

認識互補對功率電晶體

圖 15-14

圖 15-14 為 SGS-THOMSON 公司所生產的矽材質互補對功率電晶體 NPN 型編號 3055 與 PPN 型編號 2955。

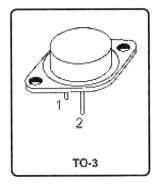
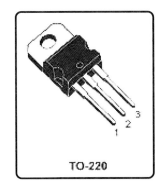

圖 15-15　　標示元件的腳位及二種不同的包裝代碼。

ABSOLUTE MAXIMUM RATINGS

Symbol	Parameter	Value	Unit
V_{CEO}	Collector-Emitter Voltage ($I_B = 0$)	60	V
V_{CBO}	Collector-Base Voltage ($I_E = 0$)	70	V
V_{EBO}	Emitter-Base Voltage ($I_C = 0$)	5	V
I_C	Collector Current	10	A
I_B	Base Current	6	A
P_{tot}	Total Power Dissipation at $T_{case} \leq 25\,°C$	75	W

圖 15-16　　絕對最大額定值，總功率散逸 P_{tot} 為 75W。

Lab**15**

三、實驗項目及步驟

項目 A 類功率放大器

步驟 1： 以萬用電表的 Ω 檔測量實驗報告的表 15-A 所列的電阻值並記錄於其上。此測量值將使用於後續的計算式。

步驟 2： 根據圖 15-17 所示的分壓器偏壓電路計算列於實驗報告的表 15-B 所要求的交流與直流參數值(可參考下表的計算式)。共射極放大級(Q_1)的分壓器偏壓的阻值已設計得很嚴謹。因此，我們可假設 Q_1 的基極電壓主要是根據分壓方程式而求得。分別計算有負載的增益值 $A_{V(FL)}$ 與無負載的增益值 $A_{V(NL)}$。計算共射極放大級 Q_1 的無負載電壓增益，只須將 C_3 設為開路狀態(C_3 OPEN)，即可求得。並記錄於實驗報告的表 15-B。

直流參數計算參考公式表

$V_B = \left(\dfrac{R_2}{R_1 + R_2}\right) V_{CC}$ 假設 $\beta_{DC} R_E \gg R_2$ ($R_E = R_{E1} + R_{E2}$)	$V_E = V_B - V_{BE}$
$I_E = \dfrac{V_E}{R_E}$ ($R_E = R_{E1} + R_{E2}$)	$V_C = V_{CC} - I_C R_C$
$V_{CE} = V_C - V_E$	

交流參數計算參考公式表

$r_e' = \dfrac{25\text{mV}}{I_E}$	$A_{V(FL)} \cong \dfrac{R_c}{r_e' + R_{E1}}$ $R_c = R_C /\!/ R_{in2(out)}$ $R_{in2(out)} = R_3 /\!/ R_4 /\!/ [\beta_{ac2} \cdot \beta_{ac3}(r_e' + R_e)]$ $R_e = R_{E3} /\!/ R_L$
$R_c = R_C /\!/ R_L$	$A_{V(NL)} \cong \dfrac{R_c}{r_e' + R_{E1}}$

步驟 3： 計算列於實驗報告的表 15-C 所要求的達靈頓對放大級 Q_2 與 Q_3 的直流參數值，並分別計算有負載的增益值 $A_{V(FL)}$ 與無負載的增益值 $A_{V(NL)}$。計算無負載電壓增益值，只需將 C_4 開路即可。

步驟 4： 取兩顆編號為 C1815(NPN) 與一顆編號為 2N3055(NPN) 的功率電晶體依圖 15-14 所示接線。注意 Q_3 的功率電晶體在實用上需要連接一個散熱片以避免燒燬。**但為簡化實驗的步驟，在此並沒有強制一定要接散熱片。但切記每次電源開啟時間不宜過長，以避免不小心燙傷。即不量測時，隨時將電源關閉。**

步驟 5： 將電源供應器的電源打開並設定為 + 12V 輸出且由信號產生器來提供振幅為 $40mV_{p-p}$ 且頻率為 1.0kHz 的弦波做為電路的輸入。可利用示波器觀察其波形振幅與週期，並將其接至電容器 C_1 的負端。

步驟 6： 依實驗報告的表 15-B 所要求的數據測量並記錄於其上。注意：當測量時，輸出波形需為無失真狀態。共射極放大級 Q_1 的無負載輸出量測，只需將 C_3 OPEN，(即是將 C_3 拿掉)即可。使用雙軌示波器的 CH1 量測電晶體的交流輸入信號波形 V_{in}，將其波形描繪於實驗報告的圖 15-A。同時使用示波器的 CH2 量測交流輸出信號波形 V_{b2}，並將選擇操作模式開關切換至"BOTH"，將輸入信號波形與輸出信號波形 V_{b2} 兩者描繪於實驗報告的圖 15-B。電壓增益值可由 $V_{b2(p-p)} / V_{in(p-p)}$ 求得並記錄於實驗報告的表 15-B。

步驟 7： 依實驗報告的表 15-C 所要求的數據測量並記錄於其上。使用雙軌示波器的 CH1 量測達靈頓對 Q_2 的交流輸入信號波形 V_{b2}，同時使用 CH2 量測交流輸出信號波形 V_{out} 並將選擇操作模式開關切換至"BOTH"。將輸入信號波形 V_{b2} 與輸出信號波形 V_{out} 兩者描繪於實驗報告的圖 15-C。由 $V_{out(p-p)} / V_{b2(p-p)}$ 計算其電壓增益值並記錄於實驗報告的表 15-C。至於達靈頓對的無負載電壓增益值，則只需將 C_4 開路即可測得。

步驟 8： 使用雙軌示波器的 CH1 量測共射極放大級 Q_1 的交流輸入信號波形 V_{in}，同時使用 CH2 量測交流輸出信號波形 V_{out} 並將選擇操作模式開關切換至"BOTH"。將輸入信號波形 V_{in} 與輸出信號波形 V_{out} 兩者描繪於實驗報告的圖 15-D。

Lab**15**

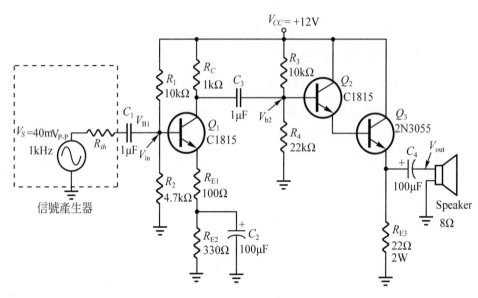

圖 15-17　A 類功率放大器

實驗 **16**

B 類功率放大器

實驗目的

1. 學習建構一個 B 類功率放大器。
2. 學習測量並預測一個 B 類功率放大
   器的各項重要參數值及特徵。

一、相關知識

B 類功率放大器

當放大器偏壓在輸入信號週期中的180°範圍內工作,而另外180°截止時,即被稱為B類放大器。B類放大器優於A類放大器的地方是其效率較高。當輸入電壓一定時,B類放大器之輸出功率較高。B類放大器之缺點在於其以較複雜的電路以達到線性放大的目的。這種放大器如圖16-1所示,其輸出對應於輸入信號。

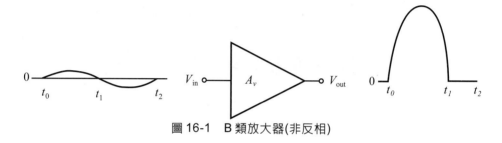

圖 16-1　B 類放大器(非反相)

Q 點位於截止區

因為B類放大器偏壓在截止區內,所以$I_{CQ} = 0$,且$V_{CEQ} = V_{CE(\text{cutoff})}$。當輸入交流信號使放大器導通時,B 類放大器才工作於線性區域內,如圖16-2的射極隨耦器電路。顯然地,圖16-2內的輸出並非輸入信號的對應波形,因此為了要獲得較完整的複製波形,就需要兩個電晶體組態--推挽放大器。

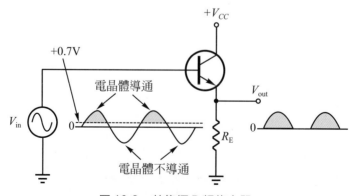

圖 16-2　共集極 B 類放大器

▌ 推挽動作

圖 16-3 所示爲一種由兩個射極隨耦器構成的 B 類推挽式放大器，這是一種互補型放大器，因爲一個是 NPN，另一個是 PNP 電晶體，所以能夠對輸入波形的兩半週分別導通。當設計電路時，需選擇互補對電晶體，如日本東芝 2SC1815 與 2SA1015。(參考附-6 規格表)

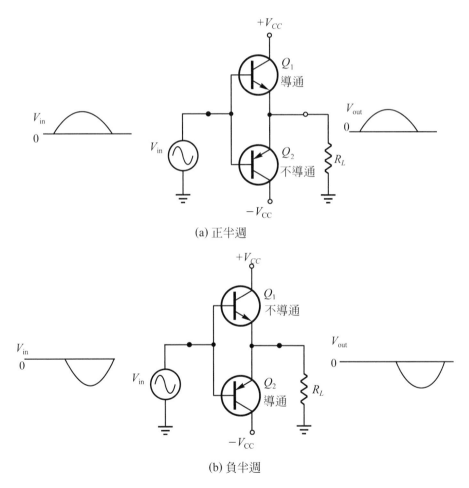

(a) 正半週

(b) 負半週

圖 16-3　互補式 B 類推挽放大器

請注意此型放大器無基極偏壓($V_B = 0$)，因此僅靠交流信號電壓來推動電晶體，Q_1在輸入信號的正半週導通，而Q_2則在負半週內導通。

交越失真

　　當基極直流電壓為 0 時，輸入信號電壓必需要大於V_{BE}才能使電晶體導通；因此在輸入信號的正、負半週交變之間，兩個電晶體中的一個均會有一段截止時間，如圖 16-4 所示，這種失真效應常稱為「交越失真」。

推挽式放大器

　　為了消除上述的交越失真現象，在無輸入信號時須使兩個電晶體不在截止區工作，亦即可用圖16-5(a)的分壓器偏壓方式來消除失真。但是V_{BE}會隨溫度改變，電路的穩定性不佳。因此改良後的設計如圖16-5(b)。若D_1和D_2兩二極體的特性與電晶體的輸入導通特性很接近時，即可獲得穩定的偏壓效果。此處亦可用兩個匹配電晶體之基-射極接面來取代D_1與D_2。

　　推挽式功率放大器的直流等效電路繪於圖16-6，因R_1和R_2等值，故二極體間A點的電壓為$V_{CC}/2$。若兩個電晶體與二極體的傳導特性相同，則D_1的電壓降等於Q_1的V_{BE}，且D_2的電壓降等於Q_2的V_{BE}。因此，射極電壓會等於$V_{CC}/2$，也因此$V_{CEQ1} = V_{CEQ2} = V_{CC}/2$。又因電晶體均偏壓在截止區附近，所以$I_{CQ} \cong 0$。

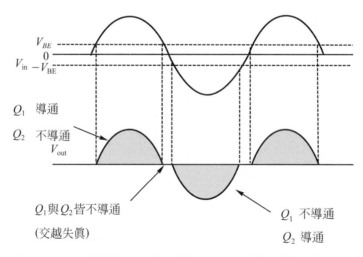

圖 16-4　B 類推挽放大器的交越失真，電晶體在陰影部份導通

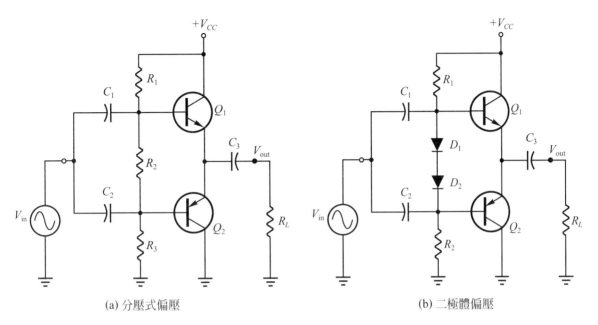

(a) 分壓式偏壓　　　　　　　　　　　(b) 二極體偏壓

圖 16-5　消除交越失真的 B 類推挽放大器偏壓法

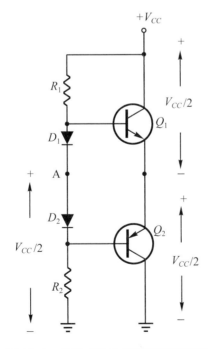

圖 16-6　推挽式放大器直流等效電路

Lab**16**

交流動作

在最大值狀況下，電晶體Q_1和Q_2交替在截止與飽和區之間工作著。在輸入信號正半週時，Q_1射極電壓由 Q 點的$V_{CC}/2$變到接近V_{CC}，輸出電壓為V_{CEQ}的正向峰值。同時Q_1電流由 Q 點的 0 變到接近飽和值，如圖 16-7(a)所示。

而在輸入信號的負半週內，Q_2射極電壓由 Q 點的$V_{CC}/2$變化到近於 0 值，產生輸出為V_{CEQ}的負向峰值電壓，Q_2電流則由 0 變化到接近飽和值，如圖 16-7(b)。

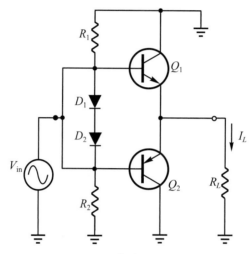

(a)　Q_1導通，輸出最大信號

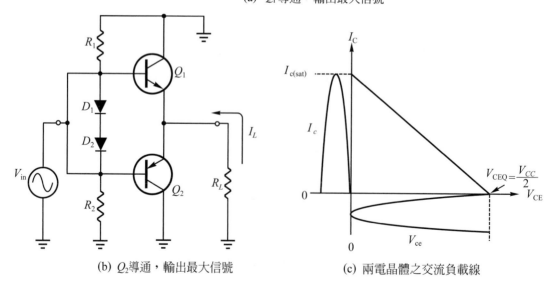

(b)　Q_2導通，輸出最大信號　　　　　(c)　兩電晶體之交流負載線

圖 16-7　B 類推挽式放大器交流分析

　　若以交流負載線操作而言，兩個電晶體的V_{ce}由$V_{CC}/2$ 改變到 0，而電流則由 0 改變到$I_{c(\text{sat})}$，如圖 16-7(c)。

　　因為跨於每個電晶體的峰值電壓為V_{CEQ}，所以交流的飽和電流為

$$I_{c(\text{sat})} = \frac{V_{CEQ}}{R_L}$$

又已知$I_e \cong I_c$，而輸出電流即是射極電流，所以輸出電流峰值亦為$\dfrac{V_{CEQ}}{R_L}$。

最大輸出功率

　　前述已知最大峰值輸出電流為$I_{c(\text{sat})}$，而最大峰值輸出電壓約為V_{CEQ}，所以最大平均輸出功率是

$$P_{\text{out}} = V_{\text{out(rms)}}\, I_{\text{out(rms)}}$$

因為　　　$V_{\text{out(rms)}} = 0.707 V_{\text{out(peak)}} = 0.707 V_{CEQ}$

且　　　　$I_{\text{out(rms)}} = 0.707 I_{\text{out(peak)}} = 0.707 I_{c(\text{sat})}$

及　　　　$P_{\text{out}} = 0.5 V_{CEQ}\, I_{c(\text{sat})}$

以　　　　$\dfrac{V_{CC}}{2}$ 取代 V_{CEQ}，可得 $P_{\text{out}} = 0.25 V_{CC}\, I_{c(\text{sat})}$

直流輸入功率

　　由V_{CC}電源所供給的功率為

$$P_{DC} = V_{CC}\, I_{CC}$$

因為每個電晶體僅流過半週的電流，所以電流僅為半波信號，其平均值為：

$$I_{CC} = \frac{I_{c(\text{sat})}}{\pi}$$

所以　　　$P_{DC} = \dfrac{V_{CC}\, I_{c(\text{sat})}}{\pi}$

Lab**16**

二、所需設備及材料

設備表

儀器名稱	數　量
萬用電表	1
雙軌示波器	1
雙電源供應器	1
信號產生器	1

有交越失真的 B 類放大器材料表

名　稱	代　號	規　格	數　量
電阻器	R_L	330Ω 1/4W	1
電晶體	Q_1	C1815 NPN	1
	Q_2	A1015 PNP	1

E C B　　　　E C B

B 類放大器改良版材料表

名　稱	代　號	規　格	數　量
電阻器	R_1，R_2	10kΩ 1/4W	2
	R_L	330Ω 1/4W	1
二極體	D_1，D_2	1N4001	2
電晶體	Q_1	C1815 NPN	1
	Q_2	A1015 PNP	1

三、實驗項目及步驟

項目一 有交越失眞的 B 類放大電路

步驟 1： 以萬用電表的Ω檔測量實驗報告的表 16-A 所列的電阻值，並記錄於其上。此測量值將使用於後續的計算式。

步驟 2： 依圖 16-8 所示建構一個簡單的 B 類推挽式放大電路。此放大器利用由信號產生器提供的輸入信號來做為電晶體的偏壓。電源供應器部份則採用對稱的兩組電源分別為 + 9V 與 − 9V，其優點乃是可省去使用大容量的耦合電容。

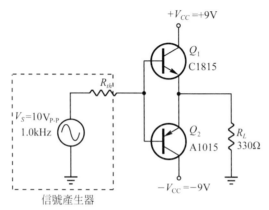

圖 16-8　有交越失真的 B 類放大器

步驟 3： 利用雙電源供應器的兩組輸出，分別提供 V_{CC} 的 + 9V 與 − 9V，並將 "Tracking/Independent" 選擇鈕設定為 "Tracking"。將信號產生器的輸出振幅設為 $10V_{p-p}$、頻率為 1.0kHz，且需將信號產生器的直流補償(D. C. Offset)關掉。可利用示波器的 CH1 觀察其波形振幅與週期。

步驟 4： 利用雙軌示波器的 CH1 量測交流輸入信號波形 V_{in}，將其波形描繪於實驗報告的圖 16-A。同時使用示波器的 CH2 量測交流輸出信號波形 V_{out}，並將示波器的選擇操作模式開關切換至 "BOTH"，同時將輸入信號波形 V_{in} 與輸出信號波形 V_{out} 兩者描繪於實驗報告的圖 16-B。將交越失真部分圈註起來。

項目二　改良型 B 類推挽式放大電路

步驟 1： 因為上述電路存在交越失真的缺點，圖 16-9 加入了由兩個二極體所組成的電流鏡當作偏壓。計算列於實驗報告的表 16-B 所要求的直流參數值。假如上下各半部的電路恆等，且信號產生器沒有直流補償，則其直流射極電壓 V_E 理論上應該為 0，流經 R_1 的電流 I_{R1} 可由歐姆定律求得。由於電

流鏡反射作用 I_{R1} 近似於 I_{CQ}。

步驟 2： 利用雙電源供應器的兩組輸出，分別提供 V_{CC} 的＋ 9V 與－ 9V，並將 "Tracking/Independent"選擇鈕設定爲"Tracking"。將圖 16-9 電路中的 信號產生器關掉，只提供直流電壓並依據實驗報告的表 16-B 所要求的 測量其直流參數值並記錄於其上。

步驟 3： 計算列於實驗報告的表 16-C 所要求的交流參數值。$V_{\text{out}(p)}$ 爲最大不失真 的輸出峰值電壓，而 $I_{\text{out}(p)}$ 則爲輸出峰值電流 $(V_{\text{out}(p)}/R_L)$。由於雙電源供 應器其輸出振幅可介於 $\pm V_{CC}$ 間，交流輸出功率可由 $P_{\text{out}} = 0.5 I_{\text{out}(p)} V_{\text{out}(p)}$ 或 $P_{\text{out}} = \dfrac{V_{\text{out}(p)}^2}{2R_L}$ 求得。

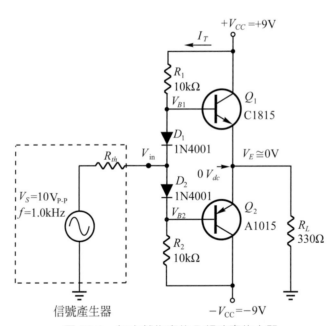

圖 16-9　無交越失真的 B 類功率放大器

步驟 4： 將信號產生器的輸出振幅設爲 $10V_{\text{p-p}}$、頻率爲 1.0kHz，且將信號產生器 的直流補償(D.C. Offset)關掉。利用雙軌示波器的 CH1 量測交流輸入信 號波形 V_{in}，將其波形描繪於實驗報告的圖 16-C，同時 CH2 則量測交流 輸出信號波形 V_{out}。觀察輸出波形 V_{out} 並調整信號產生器的輸出振幅以達 最大無截波之輸出信號，並將其波形同時描繪於實驗報告的圖 16-D。

ELECTRONICS Lab I

附　錄

IN4001 thru IN4007 1.0A PLASTIC SILICON RECTIFIER

VOLTAGE RANGE
50 to 1000 Volts
CURRENT
1.0 Ampere

FEATURES

- Low forward voltage
- High current capability
- Low leakage current
- High surge capability
- Low cost

MECHANICAL DATA

Case: Molded plastic use UL 94V-O recognized
      Flame Retardant Epoxy
Terminals: Axial leads, solderable per
      MIL-STD-202, Method 208
Polarity: Color band denotes cathode
Mounting position: Any

DO-41

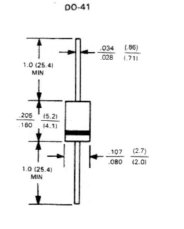

Dimensions in inches and (millimeters)

MAXIMUM RATINGS AND ELECTRICAL CHARACTERISTICS

Single-phase, half-wave, 60 Hz, resistive or inductive load

	IN4001	IN4002	IN4003	IN4004	IN4005	IN4006	IN4007	UNITS
Maximum Recurrent Peak Reverse Voltage*	50	100	200	400	600	800	1000	V
Maximum RMS Voltage *	35	70	140	280	420	560	700	V
Maximum DC Blocking Voltage*	50	100	200	400	600	800	1000	V
Maximum Average Forward* Rectified Current 3/8 Lead Length at T_A = 75°C	1.0							A
Maximum Overload Surge 8.3 ms single half sine-wave	50							A
Maximum Forward Voltage at 1.0A AC and 25°C*	1.1							V
Maximum Full Load Reverse Current, Full Cycle Average at 75°C Ambient*	30							μA
Maximum DC Reverse Current at 25°C at Rated DC Blocking Voltage at 75°C	5.0 50.0							μA μA
Typical Junction Capacitance (Note 1)	30							pF
Operating and Storage Temperature Range	− 65 to + 175							°C

NOTES:
1 Measured at 1.0 MHz and applied reverse voltage of 4.0 V_{DC}.
* JEDEC Registered Value.

RATING AND CHARACTERISTIC CURVES
IN4001 THRU IN4007

Fig. 1 — TYPICAL FORWARD CHARACTERISTICS

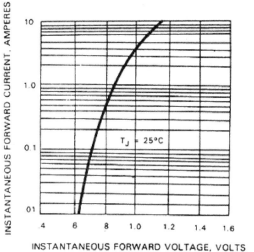

INSTANTANEOUS FORWARD VOLTAGE, VOLTS

Fig. 2—PEAK FORWARD SURGE CURRENT

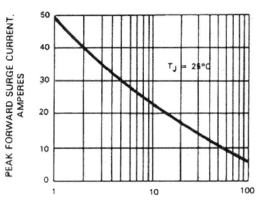

NUMBER OF CYCLES AT 60Hz

Fig. 3—FORWARD CURRENT DERATING CURVE

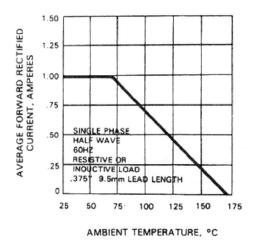

AMBIENT TEMPERATURE, °C

Fig. 4—TYPICAL JUNCTION CAPACITANCE

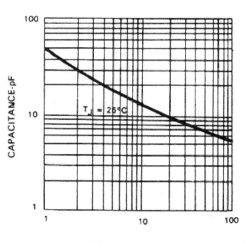

REVERSE VOLTAGE, VOLTS

Zeners (1N4728A - 1N4752A)

Zeners
1N4728A - 1N4752A

Absolute Maximum Ratings* T_A = 25°C unless otherwise noted

Tolerance: A = 5%

Symbol	Parameter	Value	Units
P_D	Power Dissipation Derate above 50°C	1.0 6.67	W mW/°C
T_{STG}	Storage Temperature Range	-65 to +200	°C
T_J	Operating Junction Temperature	+ 200	°C
$R_{\theta JL}$	Thermal resistance Junction to Lead	53.5	°C/W
$R_{\theta JA}$	Thermal resistance Junction to Ambient	100	°C/W
	Lead Temperature (1/16" from case for 10 seconds)	+ 230	°C
	Surge Power**	10	W

*These ratings are limiting values above which the serviceability of the diode may be impaired.
**Non-recurrent square wave PW = 8.3 ms, TA = 55 degrees C.

NOTES:
1) These ratings are based on a maximum junction temperature of 200 degrees C.
2) These are steady state limits. The factory should be consulted on applications involving pulsed or low duty cycle operations.

DO-41
COLOR BAND DENOTES CATHODE

Electrical Characteristics T_A = 25°C unless otherwise noted

Device	V_Z (V)	Z_Z (Ω)	@ I_{ZT} (mA)	Z_{ZK} (Ω)	@ I_{ZK} (mA)	V_R (V)	@ I_R (μA)	I_{SURGE} (mA)	I_{ZM} (mA)
1N4728A	3.3	10	76	400	1.0	1.0	100	1380	276
1N4729A	3.6	10	69	400	1.0	1.0	100	1260	252
1N4730A	3.9	9.0	64	400	1.0	1.0	50	1190	234
1N4731A	4.3	9.0	58	400	1.0	1.0	10	1070	217
1N4732A	4.7	8.0	53	500	1.0	1.0	10	970	193
1N4733A	5.1	7.0	49	550	1.0	1.0	10	890	178
1N4734A	5.6	5.0	45	600	1.0	2.0	10	810	162
1N4735A	6.2	2.0	41	700	1.0	3.0	10	730	146
1N4736A	6.8	3.5	37	700	1.0	4.0	10	660	133
1N4737A	7.5	4.0	34	700	0.5	5.0	10	605	121
1N4738A	8.2	4.5	31	700	0.5	6.0	10	550	110
1N4739A	9.1	5.0	28	700	0.5	7.0	10	500	100
1N4740A	10	7.0	25	700	0.25	7.6	10	454	91
1N4741A	11	8.0	23	700	0.25	8.4	5.0	414	83
1N4742A	12	9.0	21	700	0.25	9.1	5.0	380	76
1N4743A	13	10	19	700	0.25	9.9	5.0	344	69
1N4744A	15	14	17	700	0.25	11.4	5.0	304	61
1N4745A	16	16	15.5	700	0.25	12.2	5.0	285	57
1N4746A	18	20	14	750	0.25	13.7	5.0	250	50
1N4747A	20	22	12.5	750	0.25	15.2	5.0	225	45
1N4748A	22	23	11.5	750	0.25	16.7	5.0	205	41
1N4749A	24	25	10.5	750	0.25	18.2	5.0	190	38
1N4750A	27	35	9.5	750	0.25	20.6	5.0	170	34
1N4751A	30	40	8.5	1000	0.25	22.8	5.0	150	30
1N4752A	33	45	7.5	1000	0.25	25.1	5.0	135	27

V_F Forward Voltage = 1.2 V Maximum @ I_F = 200 mA for all 1N4700 series

2N2222A

NPN SILICON TRANSISTOR

■ Description
　· General Purpose Application
　· Switching Transistor

■ Features
　· Low Leakage Current:
　　I_{CBO}=10nA(Max.) [V_{CB}=60V, I_E=0mA]
　· Low Saturation Voltage:
　　$V_{CE(sat)}$=0.4V(Max.)
　　[I_C=150mA, I_B=15mA]
　· Large Collector Current (I_{Cmax}=600mA)
　· Complementary Pair with 2N2907A

TO-92

1.Emitter 2.Base 3.Collector

■ **ABSOLUTE MAXIMUM RATINGS**　　　　(T_A=25℃)

Characteristic	Symbol	Limit	Unit
Collector-Base Voltage	V_{CBO}	75	V
Collector-Emitter Voltage	V_{CEO}	40	V
Emitter-Base Voltage	V_{EBO}	6	V
Collector Current	I_C	600	mA
Collector Dissipation	P_C	625	mW
Junction Temperature	T_J	150	℃
Storage Temperature	T_{STG}	-55 ~ 150	℃

■ **ELECTRICAL CHARACTERISTICS**　　　　(T_A=25℃)

Characteristic	Symbol	Test Condition	Min.	Max.	Unit
Collector-Emitter Breakdown Voltage	BV_{CEO}	I_C=10mA	40		V
Collector-Base Breakdown Voltage	BV_{CBO}	I_C=10uA	75		V
Emitter-Base Breakdown Voltage	BV_{EBO}	I_E=10uA	6		V
Collector Cut-Off Current	I_{CBO}	V_{CB}=60V		10	nA
DC Current Gain	h_{FE}	V_{CE}=10V, I_C=10mA	75		
Collector-Emitter Saturation Voltage	$V_{CE(sat)}$	I_C=150mA, I_B=15mA		0.3	V
Current Gain-Bandwidth Product	f_T	V_{CE}=20V, I_C=20mA, f=100MHz	250		MHz
Collector Output Capacitance	C_{OB}	V_{CB}=10V, f=1MHz		8.0	pF

Previous　return　next

TOSHIBA   2SC1815

TOSHIBA TRANSISTOR SILICON NPN EPITAXIAL TYPE (PCT PROCESS)

2SC1815

AUDIO FREQUENCY GENERAL PURPOSE AMPLIFIER APPLICATIONS.
DRIVER STAGE AMPLIFIER APPLICATIONS.

Unit in mm

- High Voltage and High Current
    : $V_{CEO}=50V$ (Min.), $I_C=150mA$ (Max.)
- Excellent h_{FE} Linearity
    : $h_{FE}(2)=100$ (Typ.) at $V_{CE}=6V$, $I_C=150mA$
    : $h_{FE}(I_C=0.1mA)/h_{FE}(I_C=2mA)=0.95$ (Typ.)
- Low Noise   : $NF=1dB$ (Typ.) at $f=1kHz$
- Complementary to 2SA1015 (O, Y, GR class)

1. EMITTER
2. COLLECTOR
3. BASE

JEDEC	TO-92
EIAJ	SC-43
TOSHIBA	2-5F1B

Weight : 0.21g

MAXIMUM RATINGS (Ta = 25°C)

CHARACTERISTIC	SYMBOL	RATING	UNIT
Collector-Base Voltage	V_{CBO}	60	V
Collector-Emitter Voltage	V_{CEO}	50	V
Emitter-Base Voltage	V_{EBO}	5	V
Collector Current	I_C	150	mA
Base Current	I_B	50	mA
Collector Power Dissipation	P_C	400	mW
Junction Temperature	T_j	125	°C
Storage Temperature Range	T_{stg}	−55~125	°C

CHARACTERISTIC	SYMBOL	TEST CONDITION	MIN.	TYP.	MAX.	UNIT
Collector Cut-off Current	I_{CBO}	$V_{CB}=60V$, $I_E=0$	—	—	0.1	μA
Emitter Cut-off Current	I_{EBO}	$V_{EB}=5V$, $I_C=0$	—	—	0.1	μA
DC Current Gain	$h_{FE}(1)$ (Note)	$V_{CE}=6V$, $I_C=2mA$	70	—	700	
	$h_{FE}(2)$	$V_{CE}=6V$, $I_C=150mA$	25	100	—	
Collector-Emitter Saturation Voltage	$V_{CE(sat)}$	$I_C=100mA$, $I_B=10mA$	—	0.1	0.25	V
Base-Emitter Saturation Voltage	$V_{BE(sat)}$	$I_C=100mA$, $I_B=10mA$	—	—	1.0	V
Transition Frequency	f_T	$V_{CE}=10V$, $I_C=1mA$	80	—		MHz
Collector Ouput Capacitance	C_{ob}	$V_{CB}=10V$, $I_E=0$, $f=1MHz$	—	2.0	3.5	pF
Base Intrinsic Resistance	$r_{bb'}$	$V_{CE}=10V$, $I_E=-1mA$ $f=30MHz$	—	50	—	Ω
Noise Figure	NF	$V_{CE}=6V$, $I_C=0.1mA$ $f=1kHz$, $R_G=10k\Omega$	—	1.0	10	dB

Note : h_{FE} Classification   0 : 70~140   Y : 120~240   GR : 200~400   BL : 350~700

TOSHIBA 　　　　　　　　　　　　　　　　　　2SC1815

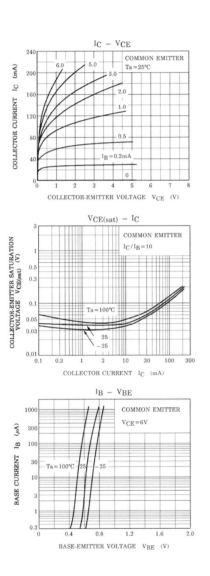

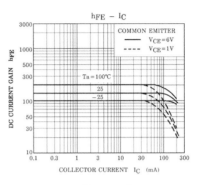

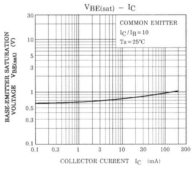

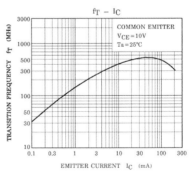

TOSHIBA　　　　　　　　　　　　　　　　　　　　2SA1015

TOSHIBA TRANSISTOR　SILICON PNP EPITAXIAL TYPE (PCT PROCESS)

2SA1015

AUDIO FREQUENCY GENERAL PURPOSE AMPLIFIER APPLICATIONS
DRIVER STAGE AMPLIFIER APPLICATIONS

Unit in mm

- High Voltage and High Current.
  : $V_{CEO} = -50V$ (Min.), $I_C = -150mA$ (Max.)
- Excellent h_{FE} Linearity
  : $h_{FE}(2) = 80$ (Typ.) at $V_{CE} = -6V$, $I_C = -150mA$
  : $h_{FE}(I_C = -0.1mA) / h_{FE}(I_C = -2mA) = 0.95$ (Typ.)
- Low Noise　:　NF = 1dB (Typ.) at f = 1kHz
- Complementary to 2SC1815.

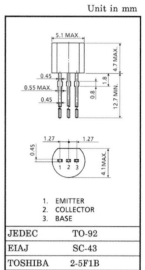

1.　EMITTER
2.　COLLECTOR
3.　BASE

JEDEC	TO-92
EIAJ	SC-43
TOSHIBA	2-5F1B

Weight : 0.21g

MAXIMUM RATINGS (Ta = 25°C)

CHARACTERISTIC	SYMBOL	RATING	UNIT
Collector-Base Voltage	V_{CBO}	−50	V
Collector-Emitter Voltage	V_{CEO}	−50	V
Emitter-Base Voltage	V_{EBO}	−5	V
Collector Current	I_C	−150	mA
Base Current	I_B	−50	mA
Collector Power Dissipation	P_C	400	mW
Junction Temperature	T_j	125	°C
Storage Temperature Range	T_{stg}	−55~125	°C

ELECTRICAL CHARACTERISTICS (Ta = 25°C)

CHARACTERISTIC	SYMBOL	TEST CONDITION	MIN.	TYP.	MAX.	UNIT
Collector Cut-off Current	I_{CBO}	$V_{CB} = -50V$, $I_E = 0$	—	—	−0.1	μA
Emitter Cut-off Current	I_{EBO}	$V_{EB} = -5V$, $I_C = 0$	—	—	−0.1	μA
DC Current Gain	$h_{FE}(1)$ (Note)	$V_{CE} = -6V$, $I_C = -2mA$	70	—	400	
	$h_{FE}(2)$	$V_{CE} = -6V$, $I_C = -150mA$	25	80	—	
Collector-Emitter Saturation Voltage	$V_{CE}(sat)$	$I_C = -100mA$, $I_B = -10mA$	—	−0.1	−0.3	V
Base-Emitter Saturation Voltage	$V_{BE}(sat)$	$I_C = -100mA$, $I_B = -10mA$	—	—	−1.1	V
Transition Frequency	f_T	$V_{CE} = -10V$, $I_C = -1mA$	80	—	—	MHz
Collector Output Capacitance	C_{ob}	$V_{CB} = -10V$, $I_E = 0$, f = 1MHz	—	4	7	pF
Base Intrinsic Resistance	$r_{bb'}$	$V_{CE} = -10V$, $I_E = 1mA$, f = 30MHz	—	30	—	Ω
Noise Figure	NF	$V_{CE} = -6V$, $I_C = -0.1mA$, $R_G = 10k\Omega$, f = 1kHz	—	1.0	10	dB

Note : $h_{FE}(1)$ Classification　　O : 70~140,　Y : 120~240,　GR : 200~400

TOSHIBA　　　　　　　　　　　　　　　　　　　2SA1015

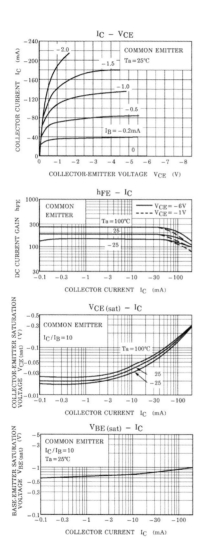

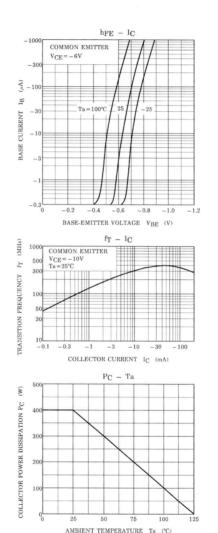

2N3904

NPN SMALL SIGNAL TRANSISTOR

Features

- Epitaxial Planar Die Construction
- Available in both Through-Hole and Surface Mount Packages
- Ideal for Switching and Amplifier Applications
- Complementary PNP Type Available (2N3906)

Mechanical Data

- Case: TO-92, Plastic
- Leads: Solderable per MIL-STD-202, Method 208
- Terminal Connections: See Diagram
- Marking: Type Number
- Weight: 0.18 grams (approx.)

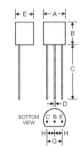

TO-92		
Dim	Min	Max
A	4.32	4.83
B	4.32	4.78
C	12.50	15.62
D	0.36	0.56
E	3.15	3.94
G	2.29	2.79
H	1.14	1.40
All Dimensions in mm		

Maximum Ratings @ T_A = 25°C unless otherwise specified

Characteristic		Symbol	2N3904	Unit
Collector-Base Voltage		V_{CBO}	60	V
Collector-Emitter Voltage		V_{CEO}	40	V
Emitter-Base Voltage		V_{EBO}	5.0	V
Collector Current - Continuous		I_C	100	mA
Collector Current - Peak		I_{CM}	200	mA
Power Dissipation	(Note 1)	P_d	500	mW
Thermal Resistance, Junction to Ambient	(Note 1)	$R_{\theta JA}$	250	K/W
Operating and Storage Temperature Range		T_J, T_{STG}	-55 to +150	°C

Notes: 1. Leads maintained at a distance of 2.0mm from body at specified ambient temperature.
　　　　 2. Pulse test: Pulse width ≤ 300µs, duty cycle ≤ 2%.

Electrical Characteristics @ T_A = 25°C unless otherwise specified

Characteristic	Symbol	Min	Max	Unit	Test Condition
DC Current Gain	h_{FE}	50 70 100 60 30	— — 300 — —	—	-V_{CE} = 1.0V, -I_C = 0.1mA -V_{CE} = 1.0V, -I_C = 1.0mA -V_{CE} = 1.0V, -I_C = 10mA -V_{CE} = 1.0V, -I_C = 50mA -V_{CE} = 1.0V, -I_C = 100mA
Collector Saturation Voltage	$V_{CE(SAT)}$	—	0.25 0.40	V	(Note 2) -I_C = 10mA, -I_B = 1.0mA -I_C = 50mA, -I_B = 5.0mA
Base Saturation Voltage	$V_{BE(SAT)}$	—	0.85 0.95	V	(Note 2) -I_C = 10mA, -I_B = 1.0mA -I_C = 50mA, -I_B = 5.0mA
Collector Cutoff Current	I_{CEX}	—	50	nA	-V_{EB} = 3.0V, -V_{CE} = 30V
Emitter Cutoff Current	I_{BL}	—	50	nA	-V_{EB} = 3.0V, -V_{CE} = 30V
Collector-Base Breakdown Voltage	$V_{(BR)CBO}$	60	—	V	-I_C = 10µA, -I_B = 0
Collector-Emitter Breakdown Voltage	$V_{(BR)CEO}$	40	—	V	-I_C = 1.0mA, -I_E = 0 (Note 2)
Emitter-base Breakdown voltage	$V_{(BR)EBO}$	5.0	—	V	-I_E = 10µA, -I_C = 0
Gain Bandwidth Product	f_T	250	—	MHz	V_{CE} = 20V, -I_C = 10mA, -f = 100MHz
Collector-Base Capacitance	C_{CBO}	—	4.5	pF	-V_{CB} = 5.0V, -I_E = 0, f = 100kHz
Emitter-Base Capacitance	C_{EBO}	—	10	pF	-V_{EB} = 0.5V, -I_C = 0, f = 100kHz
Noise Figure	—	—	5.0	dB	-V_{CE} = 5.0V, -I_C = 100µA, R_G = 1.0kΩ, -f = 10 to 15000Hz
Delay Time	t_d	—	35	ns	-I_{B1} = 1.0mA, -I_C = 10mA, V_{CC} = 3.0V, $V_{BE(off)}$ = 0.5V
Rise Time	t_r	—	35	ns	-I_{B1} = 1.0mA, -I_C = 10mA, -V_{CC} = 3.0V, -$V_{BE(off)}$ = 0.5V
Storage Time	t_s	—	225	ns	-I_{B1} = -I_{B2} = 1.0mA, -I_C = 10mA, -V_{CC} = 3.0V
Fall Time	t_f	—	75	ns	-I_{B1} = -I_{B2} = 1.0mA, -I_C = 10mA, -V_{CC} = 3.0V

Notes: 1. Leads maintained at a distance of 2.0mm from body at specified ambient temperature.
　　　　 2. Pulse test: Pulse width ≤ 300µs, duty cycle ≤ 2%.

LED INDICATOR LAMPS

PACKAGE SIZE	PART NO.	CHIP Material	CHIP Peak Wave Length λp(nm)	CHIP Emitting Color	LENS COLOR	Absolute Maximum Ratings Δλ(nm)	Pd(mW)	IF(mA)	Peak if(mA)	VF(V) Min	Typ	Max	IR(UA) VR=5V Max	Rec If(mA) Max	Iv(mcd) Min	Typ	Viewing Angle 2θ1/2 (deg)	Package fig.
5φ 5.0mm Reflected Type Very Wide Angle	M563RT	GaAsP	655	RED	RED TRANSPARENT	40	110	40	200	1.5	1.7	2.0	100	10~20	0.30	0.5	180	L-49
	M563RT	GaP	697	HI-RED	RED TRANSPARENT	90	45	15	50	1.7	2.1	2.8	100	5~10	0.30	0.6	180	
	M563MT	GaAsP on GaP	635	EFF-RED	RED TRANSPARENT	45	100	30	160	1.7	2.0	2.8	100	10~20	0.60	1.2	180	
	M563GT	GaP	565	GREEN	GREEN TRANSPARENT	30	100	30	160	1.7	2.1	2.8	100	10~20	0.60	1.2	180	
	M563YT	GaAsP on GaP	585	YELLOW	YELLOW TRANSPARENT	35	85	20	160	1.7	2.0	2.8	100	10~20	0.40	1.0	180	
	M563BT	GaAsP on GaP	600	YELLOW	AMBER TRANSPARENT	35	85	20	160	1.7	2.0	2.8	100	10~20	0.40	1.0	180	
	M563AT	GaAsP on GaP	635	OR ANGE	OR ANGE TRANSPARENT	45	100	30	160	1.7	2.0	2.8	100	10~20	0.60	1.2	180	
5φ T-1 3/4 5mm Round 10° Lead	M573RD	GaAsP	655	RED	RED DIFFUSED	40	110	40	200	1.5	1.7	2.0	100	10~20	0.30	1.1	36	L-50
	M573PD	GaP	697	HI-RED	RED DIFFUSED	90	45	15	50	1.7	2.1	2.8	100	5~10	1.00	2.0	36	
	M573MD	GaAsP on GaP	635	EFF-RED	RED DIFFUSED	45	100	30	160	1.7	2.0	2.8	100	10~20	2.50	10.0	36	
	M573GD	GaP	565	GREEN	GREEN DIFFUSED	30	100	30	160	1.7	2.1	2.8	100	10~20	2.00	10.0	36	
	M573YD	GaAsP on GaP	585	YELLOW	YELLOW DIFFUSED	35	85	20	160	1.7	2.0	2.8	100	10~20	2.00	10.0	36	
	M573BD	GaAsP on GaP	600	YELLOW	AMBER DIFFUSED	35	85	20	160	1.7	2.0	2.8	100	10~20	2.00	10.0	36	
	M573AD	GaAsP on GaP	635	ORANGE	ORANGE DIFFUSED	45	100	30	160	1.7	2.0	2.8	100	10~20	2.00	9.0	36	

UNISONIC TECHNOLOGIES CO., LTD

2SK303   *JFET*

LOW-FREQUENCY
GENERAL-PURPOSE
AMPLIFIER APPLICATIONS

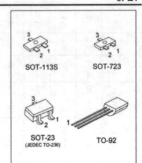

■ **FEATURES**

* Ideal For Potentiometers
* Analog Switches
* Low Frequency Amplifiers
* Constant Current Supplies
* Impedance Conversion

SOT-113S   SOT-723

SOT-23
(JEDEC TO-236)   TO-92

2SK303   *JFET*

■ **ABSOLUTE MAXIMUM RATINGS** (T_A =25°C, unless otherwise specified)

PARAMETER		SYMBOL	RATINGS	UNIT
Drain to Source Voltage		V_{DSS}	30	V
Gate to Source Voltage		V_{GSS}	-30	V
Gate Current		I_G	10	mA
Drain Current		I_D	20	mA
Power Dissipation	SOT-23	P_D	200	mW
	SOT-113S/SOT-723		100	
	TO-92		625	
Junction Temperature		T_J	+150	°C
Storage Temperature		T_{STG}	-55 ~ +150	°C

■ **ELECTRICAL CHARACTERISTICS** (T_A =25°C, unless otherwise specified)

PARAMETER	SYMBOL	TEST CONDITIONS	MIN	TYP	MAX	UNIT
OFF CHARACTERISTICS						
Gate to Drain Breakdown Voltage	BV_{GDS}	I_G=-10μA	-30			V
Drain-Source Leakage Current	I_{DSS}	V_{DS}=10V, V_{GS}=0V	0.6		12.0	mA
Gate-Source Leakage Current	I_{GSS}	V_{GS}=-20V			-1.0	nA
ON CHARACTERISTICS						
Gate Cutoff Voltage	$V_{GS(OFF)}$	V_{DS}=10V, I_D=1μA		-1	-4	V
Drain-Source On-State Resistance	$R_{DS(ON)}$	V_{DS}=10mV, V_{GS}=0V		250		Ω
Forward Transfer Admittance	$|Y_{FS}|$	V_{DS}=10V, V_{GS}=0V, f =1MHz	2.5	6.0		mS
DYNAMIC PARAMETERS						
Input Capacitance	C_{ISS}	V_{DS}=10V, V_{GS}=0V, f =1MHz		5		pF
Reverse Transfer Capacitance	C_{RSS}			1.5		pF

■ **CLASSIFICATION OF I_{DSS}**

RANK	V2	V3	V4	V5
I_{DSS} (mA)	0.6 ~ 1.5	1.2 ~ 3.0	2.5 ~ 6.0	5.0 ~ 12.0

TOSHIBA   2SK30ATM

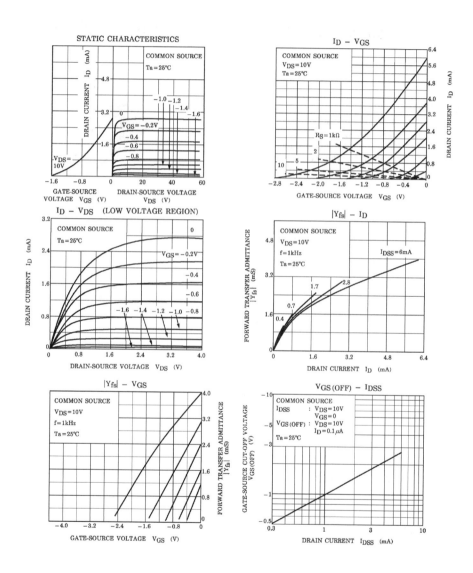

SGS-THOMSON
MICROELECTRONICS

MJE2955T
MJE3055T

COMPLEMENTARY SILICON POWER TRANSISTORS

- SGS-THOMSON PREFERRED SALESTYPES
- COMPLEMENTARY PNP - NPN DEVICES

DESCRIPTION
The MJE3055T is a silicon epitaxial-base NPN transistor in Jedec TO-220 package. It is intended for power switching circuits and general-purpose amplifiers. The complementary PNP type is MJE2955T.

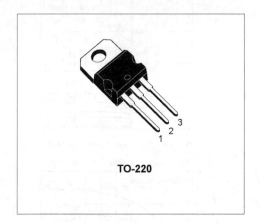

TO-220

INTERNAL SCHEMATIC DIAGRAM

SC08810   SC06960

ABSOLUTE MAXIMUM RATINGS

Symbol	Parameter	Value	Unit
V_{CEO}	Collector-Emitter Voltage (I_B = 0)	60	V
V_{CBO}	Collector-Base Voltage (I_E = 0)	70	V
V_{EBO}	Emitter-Base Voltage (I_C = 0)	5	V
I_C	Collector Current	10	A
I_B	Base Current	6	A
P_{tot}	Total Power Dissipation at $T_{case} \leq 25\ °C$	75	W
T_{stg}	Storage Temperature	-55 to 150	°C
T_j	Max. Operating Junction Temperature	150	°C

For PNP types voltage and current values are negative.

2N3055 / MJ2955

THERMAL DATA

$R_{thj-case}$	Thermal Resistance Junction-case	Max	1.5	°C/W

ELECTRICAL CHARACTERISTICS (T_{case} = 25 °C unless otherwise specified)

Symbol	Parameter	Test Conditions		Min.	Typ.	Max.	Unit
I_{CEV}	Collector Cut-off Current (V_{BE} = -1.5V)	V_{CE} = 100 V V_{CE} = 100 V	T_j = 125 °C			1 5	mA mA
I_{CEO}	Collector Cut-off Current (I_B = 0)	V_{CE} = 30 V				0.7	mA
I_{EBO}	Emitter Cut-off Current (I_C = 0)	V_{EB} = 7 V				5	mA
$V_{CEO(sus)}$*	Collector-Emitter Sustaining Voltage	I_C = 200 mA		700			V
$V_{CER(sus)}$*	Collector-Emitter Sustaining Voltage	I_C = 200 mA	R_{BE} = 100 Ω	70			V
$V_{CE(sat)}$*	Collector-Emitter Saturation Voltage	I_C = 4 A I_C = 10 A	I_B = 400 mA I_B = 3.3 A			1 3	V V
V_{BE}*	Base-Emitter Voltage	I_C = 4 A	V_{CE} = 4 A			1.5	V
h_{FE}*	DC Current Gain	I_C = 4 A I_C = 10 A	V_{CE} = 4 A V_{CE} = 4 A	20 5		70	
f_T	Transition frequency	I_C = 1 A	V_{CE} = 4 A	2.5			MHz
$I_{s/b}$*	Second Breakdown Collector Current	V_{CE} = 40 V		2.87			A

* Pulsed: Pulse duration = 300 μs, duty cycle 1.5 %
For PNP types voltage and current values are negative.

Lab 附

名　稱	規　格	建議數量	名　稱	規　格	建議數量
電阻器	22Ω　2W	學生組數*4	麥拉電容器	0.1μF　25V	學生組數*4
	100Ω　1/4W	學生組數*4	麥拉電容器	1μF　25V	學生組數*4
	180Ω　1/4W	學生組數*4	電解電容器	4.7μF　25V	學生組數*4
	220Ω　1/4W	學生組數*4	電解電容器	10μF　25V	學生組數*4
	330Ω　1/4W	學生組數*4	電解電容器	47μF　25V	學生組數*4
	470Ω　1/4W	學生組數*4	電解電容器	100μF 25V	學生組數*4
	680Ω　1/4W	學生組數*4	無極性電容器	100μF 25V	學生組數*2
	1.0kΩ 1/4W	學生組數*4	二極體	1N4001	學生組數*4
	2.0kΩ 1/4W	學生組數*4		1N4007	學生組數*4
	2.2kΩ 1/4W	學生組數*4	稽納二極體	1N4733	學生組數*4
	2.7kΩ 1/4W	學生組數*4	電晶體	2N3904　NPN	學生組數*2
	3.3kΩ 1/4W	學生組數*4		2N3055　(TO-220)	學生組數*2
	3.9kΩ 1/4W	學生組數*4		A1015　　PNP	學生組數*4
	4.7kΩ 1/4W	學生組數*4		2N2222A NPN	學生組數*4
	5.1kΩ 1/4W	學生組數*4		C1815　　NPN	學生組數*4
	6.8kΩ 1/4W	學生組數*4	場效電晶體	K30A-N 通道	學生組數*4
	10kΩ　1/4W	學生組數*4	發光二極體	綠色 5 ㎜	學生組數*2
	18kΩ　1/4W	學生組數*4	揚聲器	8Ω　2W	學生組數*1
	22kΩ　1/4W	學生組數*4	中心抽頭式變壓器	PT-5 110V /6-0-6V	學生組數*1
	27kΩ　1/4W	學生組數*4	橋式整流器	2W10　2A　1000V	學生組數*2
	33kΩ　1/4W	學生組數*4			
	56kΩ　1/4W	學生組數*4			
	360kΩ 1/4W	學生組數*4			
	500kΩ 1/4W	學生組數*4			
	1MΩ　1/4W	學生組數*4			
	2.2MΩ1/4W	學生組數*4			
可變電阻器	10kΩ(B 型)	學生組數*2			
半可調可變電阻器	1.0kΩ(B 型)	學生組數*2			

電子學實驗記錄及報告

實驗 2

電子儀表操作使用

班別：＿＿＿＿＿＿＿＿＿＿＿＿＿＿

學號：＿＿＿＿＿＿＿＿＿＿＿＿＿＿

姓名：＿＿＿＿＿＿＿＿＿＿＿＿＿＿

實驗日期：＿＿＿＿＿＿＿＿＿＿

表 2-A

電阻	色碼標示值	測量值	誤差%
R_1	1kΩ±5 %		
R_2	2kΩ±5 %		
R_3	2kΩ±5 %		
R_C	330Ω±5 %		

表 2-B

數據	計算值(理論值)	測量值
V_{R1}		
V_{R2}		
V_{R3}		
I_{R1}		
I_{R2}		
I_{R3}		

請列出詳細計算過程：

表 2-C

$|V_1|=|-V_2|$	V_{R1}		V_{R2}		V_{R3}	
	理論值	測量值	理論值	測量值	理論值	測量值
5V						
10V						

請列出詳細計算過程：

表 2-D

數據	計算值(理論值)	測量值
V_S		
V_{R2}		

請列出詳細計算過程：

表 2-E

數值	計算值(理論值)	測量值
V_S		
V_C		
相位關係		

請列出詳細計算過程：

Lab 2

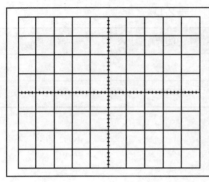

$V_{S(\text{P-P})} = \_\_\_\_$ V $\quad f = \_\_\_\_$ Hz

CH1:
VOLT/DIV = ____ V

TIME/DIV = ____ s

圖 2-A $\quad V_S$輸入信號

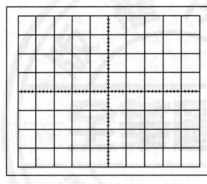

$V_{S(\text{P-P})} = \_\_\_\_$ V $\quad V_{R2(\text{P-P})} = \_\_\_\_$ V
$f = \_\_\_\_$ Hz

CH1:
VOLT/DIV = ____ V

CH2:
VOLT/DIV = ____ V

TIME/DIV = ____ s

圖 2-B $\quad V_S$與V_{R2}比較

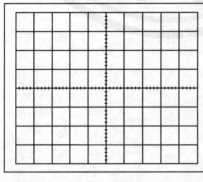

$V_{S(\text{P-P})} = \_\_\_\_$ V $\quad V_{C(\text{P-P})} = \_\_\_\_$ V
$f = \_\_\_\_$ Hz

CH1:
VOLT/DIV = ____ V

CH2:
VOLT/DIV = ____ V

TIME/DIV = ____ s

圖 2-C $\quad V_S$與V_C比較其相位差

問題與討論

1.　依你自己擁有之電表，敘述其具有之功能有哪些？

2.　說明雙電源供應器Tracking/Independent按鍵的用途及雙電源電壓的接法。

3.　說明示波器的交連切換開關中，AC-GND-DC選擇鍵的使用時機。

實驗總結：(在實驗的過程中，無論是儀器的操作過程或電路的接線問題以及
　　　　　實驗心得或結論，你都可以在此發抒意見。)

Lab **2**

電子學實驗記錄及報告

實驗 3
二極體特性

班別：_____

學號：_____

姓名：_____

實驗日期：_____

表 3-A

二極體	順向阻值	逆向阻值
1N4001		
1N4007		

表 3-B

電阻元件	色碼標示值	測量值
R_1	330Ω	
R_2	1.0MΩ	

表 3-C

V_D 順向電壓 (測量值)	V_{R1} (測量值)	$I_F = \dfrac{V_{R1}}{R_1}$ (計算值)
0.4V		
0.45V		
0.50V		
0.55V		
0.60V		
0.65V		
0.70V		

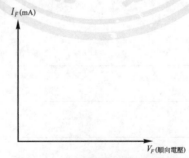

圖 3-A　　二極體的順偏特性曲線

表 3-D

V_D 逆向電壓 (測量值)	V_{R2} (測量值)	$I_R = \dfrac{V_{R2}}{R_2}$ (計算值)
5.0V		
10.0V		
15.0V		

問題與討論

1.　由表 3-C 所獲得之資料，計算二極體的最大功率損耗。

2.　解釋為何我們可利用三用電表來判斷二極體的極性。

3.　如何利用電表判斷二極體的良否以及陽極與陰極。

Lab **3**

實驗總結：(在實驗的過程中，無論是儀器的操作過程或電路的接線問題以及實驗心得或結論，你都可以在此發抒意見。)

電子學實驗記錄及報告

實驗 4
二極體整流電路

班別：_____

學號：_____

姓名：_____

實驗日期：_____

表 4-A 半波整流電路

輸入電壓	無濾波電容		有濾波電容	
V_{p-p}	$V_{out(max)}$ (量測值)	V_{out} 頻率 (量測值)	$V_{out(max)}$ (量測值)	$V_{r(p-p)}$ (量測值)
12V				

表 4-B 全波整流電路

輸入電壓	無濾波電容		有濾波電容	
V_{p-p}	$V_{out(max)}$ (量測值)	V_{out} 頻率 (量測值)	$V_{out(max)}$ (量測值)	$V_{r(p-p)}$ (量測值)
12V				

表 4-C 橋式全波整流電路

輸入電壓	無濾波電容		有濾波電容	
V_{p-p}	$V_{out(max)}$ (量測值)	V_{out} 頻率 (量測值)	$V_{out(max)}$ (量測值)	$V_{r(p-p)}$ (量測值)
12V				

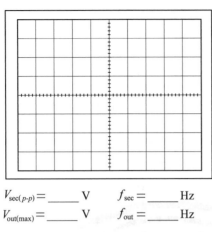

CH1:
VOLT/DIV = _____ V

CH2:
VOLT/DIV = _____ V

TIME/DIV = _____ s

$V_{sec(p\text{-}p)} =$ _____ V　　　$f_{sec} =$ _____ Hz

$V_{out(max)} =$ _____ V　　　$f_{out} =$ _____ Hz

圖 4-A　V_{sec} 波形

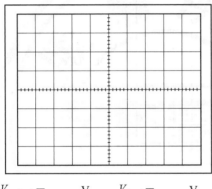

CH1:
VOLT/DIV = _____ V

CH2:
VOLT/DIV = _____ V

TIME/DIV = _____ s

$V_{out(max)} =$ _____ V　　　$V_{r(p\text{-}p)} =$ _____ V

圖 4-B　V_{out} 波形

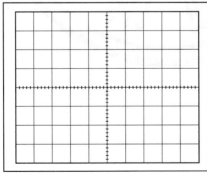

CH1:
VOLT/DIV = _____ V

CH2:
VOLT/DIV = _____ V

TIME/DIV = _____ s

$V_{B'\text{-}A(p\text{-}p)} =$ _____ V　　　$V_{B\text{-}A(p\text{-}p)} =$ _____ V

$f_{B\text{-}A} =$ _____ Hz

圖 4-C　V_{out} 與 V_{sec} 波形比較

Lab **4**

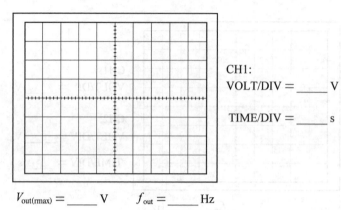

$V_{\text{out(rmax)}} = \underline{\qquad}$ V $\qquad f_{\text{out}} = \underline{\qquad}$ Hz

圖 4-D V_{out} 與 V_{sec} 波形比較

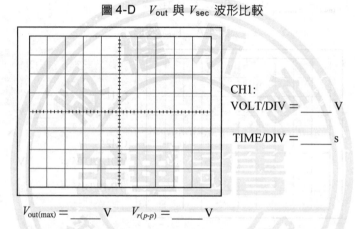

$V_{\text{out(max)}} = \underline{\qquad}$ V $\qquad V_{r(p\text{-}p)} = \underline{\qquad}$ V

圖 4-E V_{out} 與 V_{sec} 波形比較

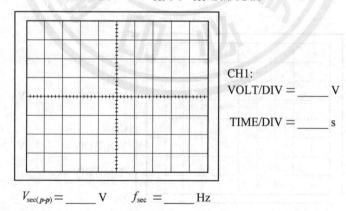

$V_{\text{sec}(p\text{-}p)} = \underline{\qquad}$ V $\qquad f_{\text{sec}} = \underline{\qquad}$ Hz

圖 4-F V_{out} 波形

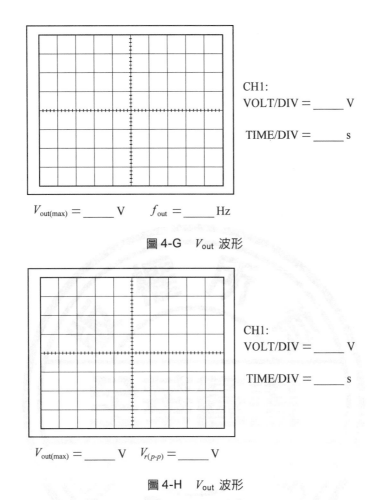

CH1:

VOLT/DIV = _____ V

TIME/DIV = _____ s

$V_{\text{out(max)}} =$ _____ V　　　$f_{\text{out}} =$ _____ Hz

圖 4-G　V_{out} 波形

CH1:

VOLT/DIV = _____ V

TIME/DIV = _____ s

$V_{\text{out(max)}} =$ _____ V　　$V_{r(p\text{-}p)} =$ _____ V

圖 4-H　V_{out} 波形

問題與討論

1. 試述整流電路的目的？

2. 求出峰值為155V的正弦波經全波整流後，其輸出電壓的平均值？使用萬用電表測量該值需選擇那一檔？

3. 為何全波整流器優於半波整流器？

4. 比較橋式整流器和全波整流器哪一種有較高的輸出電壓？哪一種流經二極體的電流較大？

5. 在實驗項目三的有濾波電容器的橋式全波整流器(圖 4-20)中，如果將濾波電容器C_1改以 10μF 取代之，則其輸出波形將會有何改變？

Lab **4**

實驗總結：(在實驗的過程中，無論是儀器的操作過程或電路的接線問題以及
　　　　　實驗心得或結論，你都可以在此發抒意見。)

電子學實驗記錄及報告

實驗 5

截波電路與箝位電路

班別：_____

學號：_____

姓名：_____

實驗日期：_____

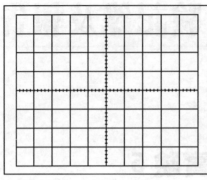

CH1:

VOLT/DIV = _____ V

TIME/DIV = _____ s

$V_{in(P-P)} =$ _____ V $f =$ _____ Hz

圖 5-A   截波電路 V_{in}

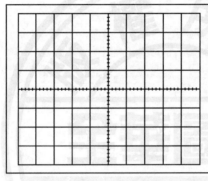

CH1:
VOLT/DIV = _____ V

CH2:
VOLT/DIV = _____ V

TIME/DIV = _____ s

$V_{in(P-P)} =$ _____ V $V_{out(P-P)} =$ _____ V

$f =$ _____ Hz

圖 5-B   截波電路 V_{in} 與 V_{out}

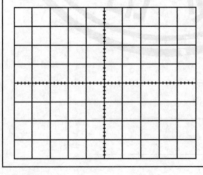

CH1:
VOLT/DIV = _____ V

CH2:
VOLT/DIV = _____ V

TIME/DIV = _____ s

$V_{in(P-P)} =$ _____ V $V_{out(P-P)} =$ _____ V

$f =$ _____ Hz

圖 5-C   截波電路 V_{in} 與 V_{out}

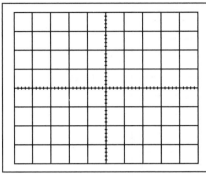

CH1:
VOLT/DIV = _____ V

CH2:
VOLT/DIV = _____ V

TIME/DIV = _____ s

$V_{in(P\text{-}P)}=$ _____ V　　$V_{out(P\text{-}P)}=$ _____ V

$f=$ _____ Hz

圖 5-D　截波電路 V_{in} 與 V_{out}

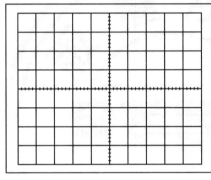

CH1:
VOLT/DIV = _____ V

CH2:
VOLT/DIV = _____ V

TIME/DIV = _____ s

$V_{in(P\text{-}P)}=$ _____ V　　$V_{out(P\text{-}P)}=$ _____ V

$f=$ _____ Hz

圖 5-E　截波電路 V_{in} 與 V_{out}

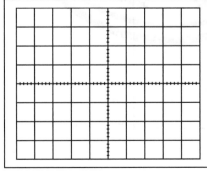

CH1:
VOLT/DIV = _____ V

CH2:
VOLT/DIV = _____ V

TIME/DIV = _____ s

$V_{in(P\text{-}P)}=$ _____ V　　$V_{out(P\text{-}P)}=$ _____ V

$f=$ _____ Hz

圖 5-F　截波電路 V_{in} 與 V_{out}

Lab **5**

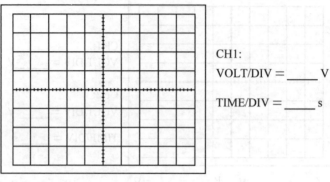

CH1:
VOLT/DIV = _____ V

TIME/DIV = _____ s

$V_{in(P-P)}$ = _____ V　　f = _____ Hz

圖 5-G　箝位電路 V_{in}

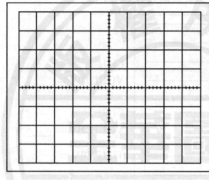

CH1:
VOLT/DIV = _____ V

CH2:
VOLT/DIV = _____ V

TIME/DIV = _____ s

$V_{in(P-P)}$ = _____ V　　$V_{out(P-P)}$ = _____ V

f = _____ Hz

圖 5-H　箝位電路 V_{in} 與 V_{out}

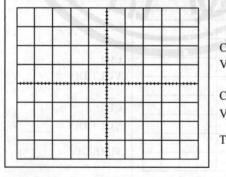

CH1:
VOLT/DIV = _____ V

CH2:
VOLT/DIV = _____ V

TIME/DIV = _____ s

$V_{in(P-P)}$ = _____ V　　$V_{out(P-P)}$ = _____ V

f = _____ Hz

圖 5-I　箝位電路 V_{in} 與 V_{out}

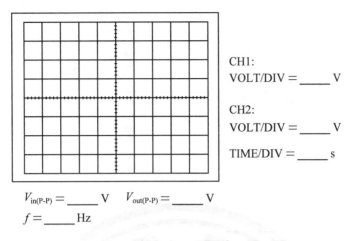

CH1:
VOLT/DIV = _____ V

CH2:
VOLT/DIV = _____ V

TIME/DIV = _____ s

$V_{in(P-P)}$ = _____ V　　$V_{out(P-P)}$ = _____ V

f = _____ Hz

圖 5-J　箝位電路 V_{in} 與 V_{out}

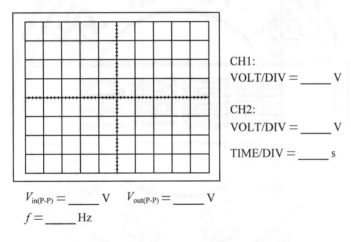

CH1:
VOLT/DIV = _____ V

CH2:
VOLT/DIV = _____ V

TIME/DIV = _____ s

$V_{in(P-P)}$ = _____ V　　$V_{out(P-P)}$ = _____ V

f = _____ Hz

圖 5-K　箝位電路 V_{in} 與 V_{out}

問題與討論

1. 解釋截波電路與箝位電路的差異。

2. 描繪圖 5-18 所示截波電路的輸出波形。

3. 在圖 5-19 的電路中，V_i 為 $-2V$ 到 $+6V$ 的方波且頻率為 1kHz，假如電容器被短路，你預期其輸出會有何改變。

Lab **5**

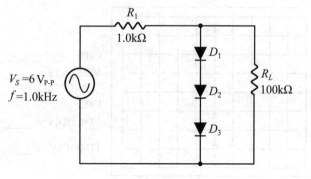

圖 5-18　截波電路

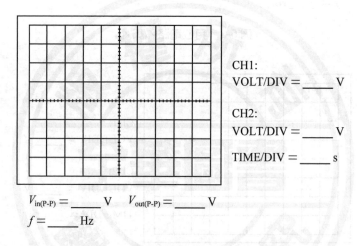

CH1:
VOLT/DIV = ＿＿＿ V

CH2:
VOLT/DIV = ＿＿＿ V

TIME/DIV = ＿＿＿ s

$V_{in(P-P)} =$ ＿＿＿ V　　$V_{out(P-P)} =$ ＿＿＿ V

$f =$ ＿＿＿ Hz

圖 5-L　圖 5-18 截波電路 V_{in} 與 V_{out} 波形

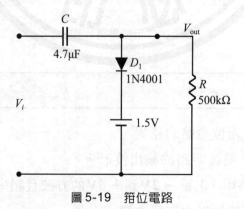

圖 5-19　箝位電路

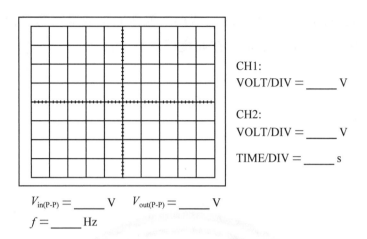

CH1:
VOLT/DIV = _____ V

CH2:
VOLT/DIV = _____ V

TIME/DIV = _____ s

$V_{in(P-P)} =$ _____ V　　$V_{out(P-P)} =$ _____ V

$f =$ _____ Hz

圖 5-M　圖 5-19 箝位電路(電容短路)V_{in}與V_{out}的波形

實驗總結：(在實驗的過程中，無論是儀器的操作過程或電路的接線問題以及實驗
心得或結論，你都可以在此發抒意見。)

電子學實驗記錄及報告

實驗 6

稽納二極體之特性與應用

班別：_____

學號：_____

姓名：_____

實驗日期：_____

表 6-A

電阻	色碼標示值	測量值
R_A	1kΩ	
R_1	220Ω	
R_L	2.2kΩ	

表 6-B

V_S	V_L (測量值)	I_L (計算值)	V_{R1} (計算值)	I_S (計算值)	I_Z (計算值)
2.0V					
4.0V					
6.0V					
8.0V					
10.0V					

表 6-C

V_S	V_L (測量值)	I_L (計算值)	V_{R1} (計算值)	I_S (計算值)	I_Z (計算值)
1.0kΩ					
750Ω					
500Ω					
250Ω					
100Ω					

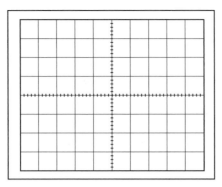

圖 6-A　XY-MODE 李賽氏圖形模式

TIME/DIV ＝ X-Y MODE(將示波器上顯示的波形上下顛倒)

問題與討論

1. 為何當使用稽納二極體做穩壓作用時，通常都串聯一顆降壓電阻器後才接至電源。

2. 根據表 6-B 所列數據，計算此稽納穩壓電路的輸入(線)調整百分率。

3. 根據表 6-C 所列數據，計算此稽納穩壓電路的負載調整率。

實驗總結：(在實驗的過程中，無論是儀器的操作過程或電路的接線問題以及實驗
心得或結論，你都可以在此發抒意見。)

電子學實驗記錄及報告

實驗 7

雙極性接面電晶體(BJT)之特性

班別：_____

學號：_____

姓名：_____

實驗日期：_____

表 7-A

電晶體(BJT)的編號	β_{DC} (h_{FE})測量值
2N2222A	
2SC1815	
2SA1015	
2N3904	

表 7-B

電阻	色碼標示值	測量值
R_B	33kΩ	
R_C	100Ω	

表 7-C　　電晶體集極特性曲線數據

V_{CE} (測量值)	基極電流 I_B = 50μA		基極電流 I_B = 100μA		基極電流 I_B = 150μA	
	V_{RC} (測量值)	I_C (計算值)	V_{RC} (測量值)	I_C (計算值)	V_{RC} (測量值)	I_C (計算值)
0.2V						
0.3V						
0.6V						
1.0V						
2.0V						
4.0V						
6.0V						
8.0V						

請詳列計算過程：

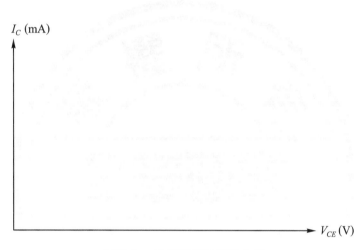

圖 7-A　　電晶體集極特性曲線

問題與討論

1.　以本實驗所獲得的特性曲線而言，假如有一個電晶體，它有一個較高的β_{DC}值時，你能預期這些曲線將會如何變化？

2.　根據由實驗所獲得的數據，電晶體的最大功率消耗為多少？

3.　電晶體的α_{DC}是集極電流I_C除以射極電流I_E。利用上述定義以及$I_E = I_C + I_B$的關係式，證明α_{DC}可以下式表示之$\alpha_{DC} = \dfrac{\beta_{DC}}{\beta_{DC}+1}$。

4.　假如電晶體的基極端開路，則V_{CE}的值將會是多少？解釋你的答案。

Lab **7**

實驗總結：(在實驗的過程中，無論是儀器的操作過程或電路的接線問題以及實驗心得或結論，你都可以在此發抒意見。)

電子學實驗記錄及報告

實驗 8

電晶體開關

班別：_____

學號：_____

姓名：_____

實驗日期：_____

項目一 利用電阻偏壓來控制電晶體的 ON-OFF

表 8-A

電阻	色碼標示值	測量值
R_B	10kΩ	
R_C	1kΩ	
R_{C1}	10kΩ	

表 8-B

實驗數據	計算值(理論值)	測量值
$V_{CE(cutoff)}$		
$V_{CE(sat)}$		
$V_{RC(sat)}$		
$I_{C(sat)}$		

註：截止時LED和電晶體兩者都是開路，因此測量值將會因電表的負載而影響，
測得數據可能會有很大的差距。

請詳列計算過程：

項目二 利用電晶體當作控制開關

表 8-C　利用電晶體當作控制開關

實驗數據	測量值
$V_{\text{IN(LED ON)}}$	
$V_{\text{OUT(LED ON)}}$	
$V_{\text{IN(臨界值)}}$	
$V_{\text{OUT(臨界值)}}$	

問題與討論

1. 在圖 8-3 電路中的 R_B，其功用為何？

2. 如何判定電晶體為飽和狀態或截止狀態？

3. 列舉至少三個使用電晶體當作開關電路的優點。

Lab **8**

實驗總結：(在實驗的過程中，無論是儀器的操作過程或電路的接線問題以及實驗心得或結論，你都可以在此發抒意見。)

Lab **8**

電子學實驗記錄及報告

實驗 9

電晶體偏壓電路

班別：_____

學號：_____

姓名：_____

實驗日期：_____

項目一　基極偏壓電路

表 9-A　基極偏壓電路

電阻	色碼標示值	測量值
R_{B1}	1.0MΩ	
R_C	2.0kΩ	

表 9-B　(1)基極偏壓電路

直流參數值	Q_A	Q_B
β_{DC} (h_{FE})		

表 9-B　(2)基極偏壓電路

直流參數值	計算值(理論值) (Q_A的β_{DC}值)	測量值	
		Q_A	Q_B
V_{RB}			
I_B			
I_C			
V_{RC}			
V_{CE}			

請詳列計算過程：

項目二　分壓器偏壓電路

表 9-C　分壓器偏壓電路

電阻	色碼標示值	測量值
R_1	33kΩ	
R_2	6.8kΩ	
R_E	470Ω	
R_C	2.0kΩ	

表 9-D　分壓器偏壓電路

直流參數值	計算值(理論值) (Q_A的β_{DC}值)	測量值	
		Q_A	Q_B
V_B			
V_E			
$I_E \approx I_C$			
V_{RC}			
V_{CE}			

請詳列計算過程：

Lab **9**

項目三　集極回授偏壓電路

表 9-E　集極回授偏壓電路

電阻	色碼標示值	測量值
R_{B2}	360kΩ	
R_C	2.0kΩ	

表 9-F　集極回授偏壓電路

直流參數值	計算值(理論值) (Q_A的β_{DC}值)	測量值	
		Q_A	Q_B
I_C		✕	✕
V_{RC}			
V_{CE}			

請詳列計算過程：

問題與討論

1. 由前述實驗所得的數據哪一種偏壓電路對於不同的電晶體所造成的影響最小？

2. 假設你希望建構一個以分壓器偏壓的放大器如圖 9-16，且希望工作點 Q 的集極電流為 20mA。請選擇適當的電阻使得偏壓工作點為恰當的，請詳列計算過程。(提示：選擇 $R_2 \gg 10R_E$)

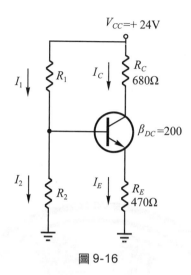

圖 9-16

3. 基極偏壓方式有何缺點？

4. 對於本實驗中的三種偏壓電路請改以 PNP 電晶體重新繪製電路。

Lab **9**

實驗總結：(在實驗的過程中，無論是儀器的操作過程或電路的接線問題以及實驗心得或結論，你都可以在此發抒意見。)

Lab **9**

電子學實驗記錄及報告

實驗 10
共射極放大器

班別：＿＿＿＿＿＿＿＿＿＿＿＿

學號：＿＿＿＿＿＿＿＿＿＿＿＿

姓名：＿＿＿＿＿＿＿＿＿＿＿＿

實驗日期：＿＿＿＿＿＿＿＿＿＿

表 10-A　共射極放大器

電阻	色碼標示值	電表測量值
R_1	10kΩ	
R_2	4.7kΩ	
R_{E1}	100Ω	
R_{E2}	330Ω	
R_C	1.0kΩ	
R_L	10kΩ	

表 10-B　共射極放大器

直流參數值	計算值(理論值)	測量值
β_{DC} (h_{FE})	✕	✕
V_B		
V_E		
$I_E = \dfrac{V_E}{R_E} \cong I_C$		✕
V_C		
V_{CE}		

請詳列計算過程：

表 10-C　共射極放大器

交流參數值	計算值(理論值)	測量值
$V_{\text{in(p-p)}} = V_{b\text{(p-p)}}$	100 mV$_{\text{P-P}}$	
$r_e' = \dfrac{25\text{mV}}{I_E}$		✕
$V_{\text{out(p-p)}} = A_{V1} V_{\text{in(p-p)}}$		
$A_{V1} = \dfrac{V_{\text{out(p-p)}}}{V_{\text{in(p-p)}}}$ (有旁路電容器C_2，R_L=10kΩ)		
$A_V = \dfrac{V_{\text{out(p-p)}}}{V_{\text{in(p-p)}}}$ (無旁路電容器C_2)		
$A_V = \dfrac{V_{\text{out(p-p)}}}{V_{\text{in(p-p)}}}$ (有旁路電容器C_2，$R_L = 1$kΩ)		

請詳列計算過程：

Lab**10**

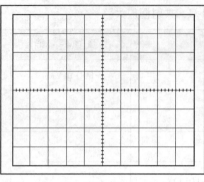

CH1:

VOLT/DIV = _____ V

TIME/DIV = _____ s

$V_{\text{in(P-P)}} =$ _____ V $f =$ _____ Hz

圖 10-A   圖 10-14(b)的輸入信號波形 V_{in} (示波器的全部信號交連方式以"AC")

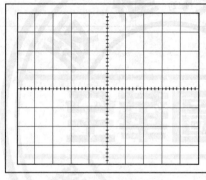

CH1:
VOLT/DIV = _____ V

CH2:
VOLT/DIV = _____ V

TIME/DIV = _____ s

$V_{\text{in(P-P)}} =$ _____ V $V_{\text{out(P-P)}} =$ _____ V

$f =$ _____ Hz   相位差 = _____ 度

圖 10-B   圖 10-14(b)的 V_{in} 與 V_{out} 波形，請分別標示

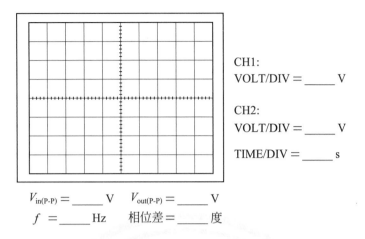

CH1:
VOLT/DIV = _____ V

CH2:
VOLT/DIV = _____ V

TIME/DIV = _____ s

$V_{in(P-P)}$ = _____ V　　$V_{out(P-P)}$ = _____ V
f = _____ Hz　　相位差 = _____ 度

圖 10-C　　圖 10-14(b) 的 V_{in} 與 V_{out} 波形無旁路電容器 C_2，請分別標示

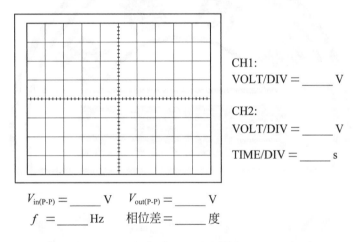

CH1:
VOLT/DIV = _____ V

CH2:
VOLT/DIV = _____ V

TIME/DIV = _____ s

$V_{in(P-P)}$ = _____ V　　$V_{out(P-P)}$ = _____ V
f = _____ Hz　　相位差 = _____ 度

圖 10-D　　圖 10-14(b)的 V_{in} 與 V_{out} 波形負載為 $1k\Omega$，請分別標示

問題與討論

1. 共射極的輸入與輸出波形兩者相位關係為何？
2. 採用部份旁路射極電阻的目的何在？
3. 負載電阻經由電容器耦合到共射極放大器的集極，對增益有何影響？
4. 在本實驗中，電晶體的射極有一個旁路電容器 C_2，其作用為何？請以實驗中獲得的數據做說明。

Lab**10**

實驗總結：(在實驗的過程中，無論是儀器的操作過程或電路的接線問題以及實驗心得或結論，你都可以在此發抒意見。)

電子學實驗記錄及報告

實驗 11

共集極與共基極放大器

班別：＿＿＿＿＿＿＿＿＿＿＿＿

學號：＿＿＿＿＿＿＿＿＿＿＿＿

姓名：＿＿＿＿＿＿＿＿＿＿＿＿

實驗日期：＿＿＿＿＿＿＿＿＿＿

表 11-A　共集極放大器

電阻	色碼標示值	電表測量值
R_1	18kΩ	
R_2	18kΩ	
R_E	1kΩ	
R_L	1kΩ	

表 11-B　共集極放大器

直流參數值	計算值(理論值)	測量值
$\beta_{DC}\ (h_{FE})$		
V_B		
V_E		
$I_E = \dfrac{V_E}{R_E}$		
V_{CE}		

請詳列計算過程：

表 11-C　共集極放大器

交流參數值	計算值(理論值)	測量值
$V_{in} = V_b$	$200\ \text{mV}_{\text{p-p}}$	
$V_{out} = A_V V_{in}$		
$r_e{}' = \dfrac{25\text{mV}}{I_E}$		
$A_V = \dfrac{R_e}{r_e{}' + R_e}$		

請詳列計算過程：

表 11-D　共基極放大器

電阻	色碼標示值	電表測量值
R_1	33kΩ	
R_2	5.1kΩ	
R_{E1}	100Ω	
R_{E2}	220Ω	
R_{E3}	470Ω	
R_C	2.2kΩ	
R_L	2.2kΩ	

Lab 11

表 11-E　共基極放大器

直流參數值	計算值(理論值)	測量值
V_B		
V_E		
$I_E = \dfrac{V_E}{R_E}$		
V_{CE}		

請詳列計算過程：

表 11-F　共基極放大器

交流參數值	計算值(理論值)	測量值
$V_{in} = V_e$		
$V_c = V_{out}$		
$r_e' = \dfrac{25\text{mV}}{I_E}$		
$A_V = \dfrac{R_c}{r_e'}$ $(R_c = R_C /\!/ R_L)$		$A_V = \dfrac{V_{out}}{V_{in}} =$

請詳列計算過程：

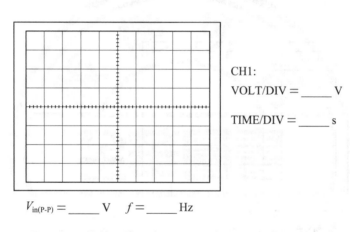

CH1:

VOLT/DIV = _____ V

TIME/DIV = _____ s

$V_{in(P-P)}$ = _____ V　　f = _____ Hz

圖 11-A　圖 11-6(b)的輸入信號波形V_{in} (示波器的全部信號交連方式以"AC")

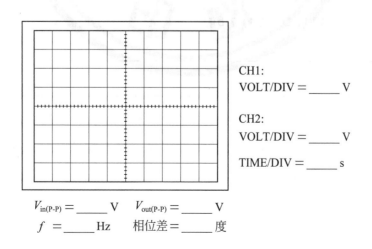

CH1:

VOLT/DIV = _____ V

CH2:

VOLT/DIV = _____ V

TIME/DIV = _____ s

$V_{in(P-P)}$ = _____ V　　$V_{out(P-P)}$ = _____ V

f = _____ Hz　　相位差 = _____ 度

圖 11-B　圖 11-6(b)的V_{in}與V_{out}波形，請分別標示

Lab**11**

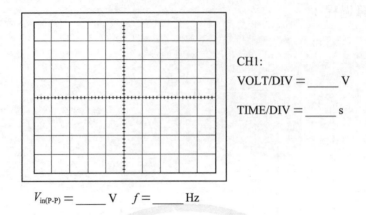

CH1:

VOLT/DIV = _____ V

TIME/DIV = _____ s

$V_{\text{in(P-P)}} =$ _____ V $f =$ _____ Hz

圖 11-C   圖 11-7(b)的輸入信號波形V_{in} (示波器的全部信號交連方式以"AC")

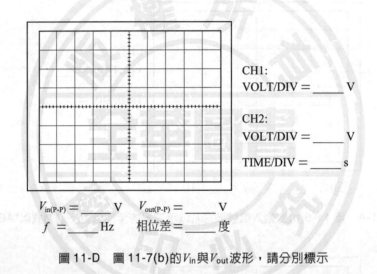

CH1:
VOLT/DIV = _____ V

CH2:
VOLT/DIV = _____ V

TIME/DIV = _____ s

$V_{\text{in(P-P)}} =$ _____ V $V_{\text{out(P-P)}} =$ _____ V

$f =$ _____ Hz   相位差 = _____ 度

圖 11-D   圖 11-7(b)的V_{in}與V_{out}波形，請分別標示

問題與討論

1. 圖 11-8 是一個由 A1015 的 PNP 電晶體所構成的共集極放大器。假設$\beta_{ac} = \beta_{DC} = 100$，依表 11-G 所列計算並量測其直流與交流參數值，並描繪其輸入與輸出波形於圖 11-E。

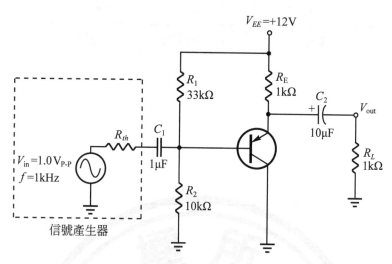

圖 11-8　PNP 的共集極放大器

表 11-G　　(a)PNP 共集極放大器直流參數

直流參數值	計算值(理論值)	測量值
V_B		
V_E		
$I_E = \dfrac{V_{EE} - V_E}{R_E}$		
V_{CE}		

請詳列計算過程：

Lab**11**

表 11-G   (b)PNP 共集極放大器交流參數

交流參數值	計算值(理論值)	測量值
$V_{in} = V_b$	$1.0V_{p\text{-}p}$	
$V_c = V_{out}$		
$r_e' = \dfrac{26mV}{I_E}$		✕
$A_V = \dfrac{R_E}{r_e' + R_E}$		

請詳列計算過程：

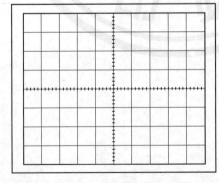

CH1:
VOLT/DIV = _____ V

CH2:
VOLT/DIV = _____ V

TIME/DIV = _____ s

$V_{in(P\text{-}P)} =$ _____ V $V_{out(P\text{-}P)} =$ _____ V

$f =$ _____ Hz   相位差 = _____ 度

圖 11-E   圖 11-8 的 V_{in} 與 V_{out} 波形，請分別標示

2. 在共集極實驗中，使用的是分壓式偏壓電路，假設改為基極偏壓方式，則其優缺點為何？

3. 比較電晶體的三種基本組態，其各別的電壓增益(A_V)的大小，以及輸出信號波形與輸入信號波形的相位關係。

Lab**11**

實驗總結：(在實驗的過程中，無論是儀器的操作過程或電路的接線問題以及實驗心得或結論，你都可以在此發抒意見。)

Lab**11**

電子學實驗記錄及報告

實驗 12

串級放大器

班別：＿＿＿＿＿＿＿＿＿＿＿＿＿

學號：＿＿＿＿＿＿＿＿＿＿＿＿＿

姓名：＿＿＿＿＿＿＿＿＿＿＿＿＿

實驗日期：＿＿＿＿＿＿＿＿＿＿＿

表 12-A　串級放大器

電阻	色碼標示值	電表測量值
R_1	10kΩ	
R_2	4.7kΩ	
R_{E1}	100Ω	
R_{E2}	330Ω	
R_{C1}	1kΩ	
R_3	10kΩ	
R_4	4.7kΩ	
R_{E3}	100Ω	
R_{E4}	330Ω	
R_{C2}	1kΩ	

表 12-B

直流參數值	計算值(理論值)	測量值
β_{DC} (h_{FE})		$Q_1($　$)$，$Q_2($　$)$
$V_{B(Q1)}$		
$V_{E(Q1)}$		
$V_{CE(Q1)}$		
$V_{B(Q2)}$		
$V_{E(Q2)}$		
$V_{CE(Q2)}$		

請詳列計算過程：

表 12-C

交流參數值	計算值(理論值)	測量值
V_{in}	$40\mathrm{mV_{p-p}}$	
$r_e{}'$		
$A_{v1} = \dfrac{V_{out1}}{V_{in}}$ (第二級為第一級之負載)		
$A_{v2} = \dfrac{V_{out2}}{V_{out1}}$		
$A_{V(\text{Total})} = \dfrac{V_{out2}}{V_{in}} = A_{V1}\,A_{V2}$		
$V_{out2} = A_{V(\text{Total})}\,V_{in}$		
R_c		

請詳列計算過程：

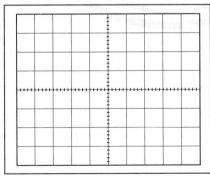

CH1:

VOLT/DIV = _____ V

TIME/DIV = _____ s

$V_{in(P\text{-}P)} =$ _____ V　　$f =$ _____ Hz

圖 12-A　輸入信號波形 V_{in}(示波器的全部信號交連方式以"AC")

Lab12

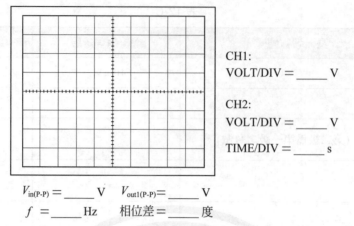

CH1:
VOLT/DIV = ＿＿＿＿ V

CH2:
VOLT/DIV = ＿＿＿＿ V

TIME/DIV = ＿＿＿＿ s

$V_{in(P-P)}$ = ＿＿＿＿ V　　$V_{out1(P-P)}$ = ＿＿＿＿ V

f = ＿＿＿＿ Hz　　相位差 = ＿＿＿＿ 度

圖 12-B　輸入信號波形V_{in}與第一級輸出信號波形V_{out1}的比較，請分別標示

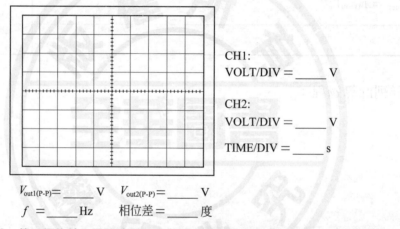

CH1:
VOLT/DIV = ＿＿＿＿ V

CH2:
VOLT/DIV = ＿＿＿＿ V

TIME/DIV = ＿＿＿＿ s

$V_{out1(P-P)}$ = ＿＿＿＿ V　　$V_{out2(P-P)}$ = ＿＿＿＿ V

f = ＿＿＿＿ Hz　　相位差 = ＿＿＿＿ 度

圖 12-C　第二級的輸入信號波形V_{out1}與輸出信號波形V_{out2}的比較，請分別標示

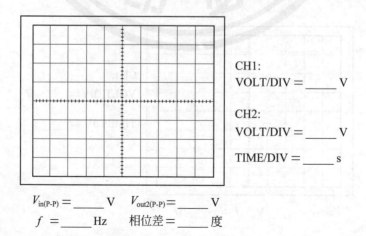

CH1:
VOLT/DIV = ＿＿＿＿ V

CH2:
VOLT/DIV = ＿＿＿＿ V

TIME/DIV = ＿＿＿＿ s

$V_{in(P-P)}$ = ＿＿＿＿ V　　$V_{out2(P-P)}$ = ＿＿＿＿ V

f = ＿＿＿＿ Hz　　相位差 = ＿＿＿＿ 度

圖 12-D　串級的輸入信號波形V_{in}與輸出信號波形V_{out2}的比較，請分別標示

問題與討論

1. 假如圖 12-4 電路中的 R_3 開路，將會對輸出信號有何影響？

2. 假如耦合電容器 C_3 短路，將會對放大器的直流電壓有影響嗎？若有，請指出該點。

3. 本實驗中的輸入信號波形與輸出信號波形的相位關係如何？請說明你的答案。

4. 電容器耦合的串級放大器其缺點為何？(提示：考慮輸入信號的頻率)

Lab**12**

實驗總結：(在實驗的過程中，無論是儀器的操作過程或電路的接線問題以及實驗心得或結論，你都可以在此發抒意見。)

Lab**12**

電子學實驗記錄及報告

實驗 13

接面場效電晶體(JFET)特性及其偏壓

班別：_____

學號：_____

姓名：_____

實驗日期：_____

表 13-A

電阻	色碼標示值	電表測量值
R_G	10kΩ	
R_D	100Ω	

表 13-B

V_{DS}	$V_{GG}=0$		$V_{GG}=-0.5$		$V_{GG}=-1.0$		$V_{GG}=-1.5$	
	V_{RD}	$I_D=\dfrac{V_{RD}}{R_D}$	V_{RD}	$I_D=\dfrac{V_{RD}}{R_D}$	V_{RD}	$I_D=\dfrac{V_{RD}}{R_D}$	V_{RD}	$I_D=\dfrac{V_{RD}}{R_D}$
1.0V								
2.0V								
3.0V								
4.0V								
6.0V								
8.0V								

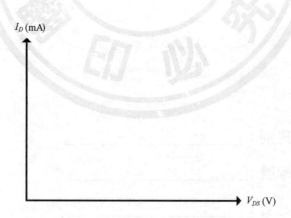

圖 13-A　場效電晶體(JFET)汲極特性曲線

表 13-C

電阻	色碼標示值	電表測量值
R_1	2.2MΩ	
R_2	2.2MΩ	
R_D	680Ω	
R_S	3.3kΩ	

表 13-D

直流參數值	計算值(理論值)	測量值
I_D		✕
V_G		
V_D		
V_S		
V_{GS}		

提示：先由圖 13-16(b)的特性曲線中，求其工作點 Q (V_{GS}、I_D)。

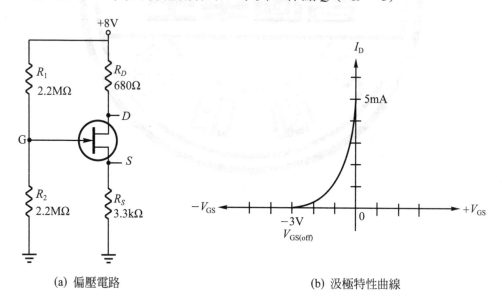

(a) 偏壓電路　　　　　(b) 汲極特性曲線

圖 13-16　N-channel JFET 的分壓式偏壓電路

Lab**13**

請詳列計算過程：

問題與討論

1.　相對於 JFET 的偏壓和電晶體(BJT)的偏壓，為何同樣的偏壓電路不能使用於此兩種電路呢？

2.　同樣是分壓器偏壓，接面場效電晶體(JFET)的偏壓與雙極性電晶體(BJT)的偏壓，其最主要的差異為何？

3.　解釋如何由 JFET 的特性曲線，求取 I_{DSS}？

實驗總結：(在實驗的過程中，無論是儀器的操作過程或電路的接線問題以及實驗心得或結論，你都可以在此發抒意見。)

電子學實驗記錄及報告

實驗 14

JFET 放大器

班別：_____

學號：_____

姓名：_____

實驗日期：_____

表 14-A

電阻	色碼標示值	電表測量值
R_S	1.0kΩ	
R_D	3.3kΩ	
R_G	1.0MΩ	
R_L	10kΩ	

表 14-B　共源極放大器

共源極放大器	直流值(測量值)	交流值(測量值)
V_G		
V_S		
V_D		
$I_D = \dfrac{V_S}{R_S}$		
V_{in}		
$V_{\text{out}} = A_v V_{\text{in}}$		
A_v		
相位關係		

請詳列計算過程：

表 14-C　共汲極放大器

共源極放大器	直流值(測量值)	交流值(測量值)
V_G		
V_S		
V_D		
$I_D = \dfrac{V_S}{R_S}$		
V_{in}	2.0 V_{p-p}	
$V_{out} = A_v V_{in}$		
A_v		
相位關係		

請詳列計算過程：

Lab**14**

表 14-D　JFET 前置放大器

電阻	色碼標示值	電表測量值
R_G	1MΩ	
R_S	2.7kΩ	
R_1	56kΩ	
R_2	27kΩ	
R_{E1}	180Ω	
R_{E2}	3.9kΩ	
R_C	5.1kΩ	

表 14-E　JFET 前置放大器

JFET 前置放大器的直流值	計算值(理論值)	測量值
V_B		
V_E		
I_E		
V_C		
V_{CE}		

請詳列計算過程：

表 14-F　JFET 前置放大器

JFET 前置放大器的交流值	計算值(理論值)	測量值
$V_{b2} \cong A_{V(Q1)}\, V_{in}$		
$r_e{}' = \dfrac{25\text{mV}}{I_E}$		
$A_{V(Q1)}$	0.75	
$A_{V(Q2)} = \dfrac{V_{out}}{V_{b2}}$		
$A_{V(\text{Total})} = A_{V(Q1)}\, A_{V(Q2)}$		

請詳列計算過程：

CH1:

VOLT/DIV = _____ V

TIME/DIV = _____ s

$V_{in(P\text{-}P)} =$ _____ V　$f =$ _____ Hz

圖 14-A　圖 14-11(b)的輸入波形 V_{in} (示波器的輸入信號交連方式全以"AC")

Lab**14**

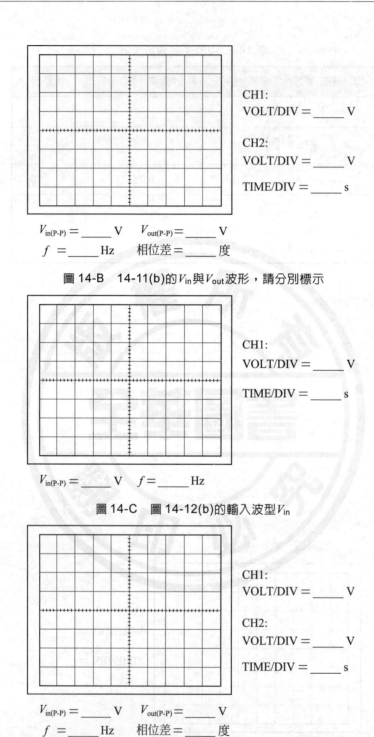

CH1:
VOLT/DIV = _____ V

CH2:
VOLT/DIV = _____ V

TIME/DIV = _____ s

$V_{in(P-P)} =$ _____ V　　$V_{out(P-P)} =$ _____ V

$f =$ _____ Hz　　相位差 = _____ 度

圖 14-B　14-11(b)的 V_{in} 與 V_{out} 波形，請分別標示

CH1:
VOLT/DIV = _____ V

TIME/DIV = _____ s

$V_{in(P-P)} =$ _____ V　　$f =$ _____ Hz

圖 14-C　圖 14-12(b)的輸入波型 V_{in}

CH1:
VOLT/DIV = _____ V

CH2:
VOLT/DIV = _____ V

TIME/DIV = _____ s

$V_{in(P-P)} =$ _____ V　　$V_{out(P-P)} =$ _____ V

$f =$ _____ Hz　　相位差 = _____ 度

圖 14-D　圖 14-12(b)的 V_{in} 與 V_{out} 波形，請分別標示

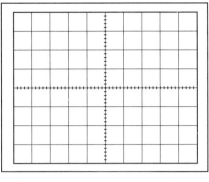

CH1:

VOLT/DIV = ＿＿＿ V

TIME/DIV = ＿＿＿ s

$V_{in(P-P)} =$ ＿＿＿ V　　$f =$ ＿＿＿ Hz

圖 14-E　圖 14-13 的輸入波型 V_{in}

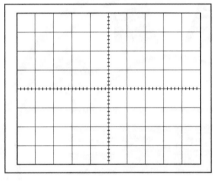

CH1:

VOLT/DIV = ＿＿＿ V

CH2:

VOLT/DIV = ＿＿＿ V

TIME/DIV = ＿＿＿ s

$V_{in(P-P)} =$ ＿＿＿ V　　$V_{out(P-P)} =$ ＿＿＿ V

$f =$ ＿＿＿ Hz　　　相位差 = ＿＿＿ 度

圖 14-F　圖 14-13 的 V_{in} 與 V_{out} 波形，請分別標示

問題與討論

1. 那些因素會影響到共汲極放大器的電壓增益？

2. 對於一個由電晶體(BJT)與場效電晶體(JFET)所混合組成的放大器，其優點為何？

3. 與共射極放大器(BJT)作比較，共源極放大器(JFET)的優缺點各為何？

4. 比較本實驗中的共源極與共汲極放大器，兩者的最大差異為何？兩者最大的共通點為何？

5. 在共源極放大器的實驗中，假如旁路電容器 C_2 開路，你能預測其直流與交流參數將會如何？

6. 哪些因素會影響 JFET 共源極放大器的電壓增益？

Lab**14**

實驗總結：(在實驗的過程中，無論是儀器的操作過程或電路的接線問題以及
　　　　　　實驗心得或結論，你都可以在此發抒意見。)

Lab**14**

電子學實驗記錄及報告

實驗 15

Ａ類功率放大器

班別：_____

學號：_____

姓名：_____

實驗日期：_____

表 15-A

電阻	色碼標示值	電表測量值
R_1	10kΩ	
R_2	4.7kΩ	
R_{E1}	100Ω	
R_{E2}	330Ω	
R_C	1kΩ	
R_3	10kΩ	
R_4	22kΩ	
R_{E3}	22Ω	

表 15-B　A 類功率放大器

共射極放大級Q_1的參數	計算值	測量值
V_{B1}		
V_{E1}		
$I_{E1} \cong I_{C1}$		✕
V_{C1}		
V_{CE1}		
r_e'		✕
$A_{V(NL)}$ 無載(將電容器C_3開路) $=\dfrac{R_C}{r_e'+R_{E1}}$		
$A_{V(FL)}$ 有載(達靈頓對為負載) $=\dfrac{R_c}{r_e'+R_{E1}}$		

請詳列計算過程：

表 15-C

達靈頓對放大級Q_2、Q_3的參數	計算值	測量值
V_{B2}		
V_{E2}		
$I_{E3} = \dfrac{V_{E3}}{R_{E3}}$		
$A_{V(無載)} = \dfrac{V_{\text{out2}}}{V_{b2}}$ $A_{V(NL)} = \dfrac{R_{E3}}{r_{e3}{'} + R_{E3}}$		
$A_{V(有載喇叭)} \doteq \dfrac{V_{\text{out2}}}{V_{b2}}$ $A_{V(FL)} = \dfrac{R_{e3}}{r_{e3}{'} + R_{e3}}$		

請詳列計算過程：

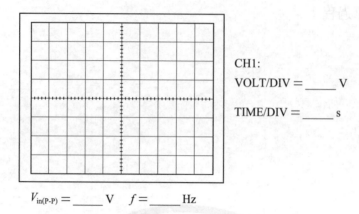

$V_{\text{in(P-P)}} =$ _____ V　　$f =$ _____ Hz

圖 15-A　　輸入信號波形 V_{in} (示波器的輸入信號交連方式以"AC" mode)

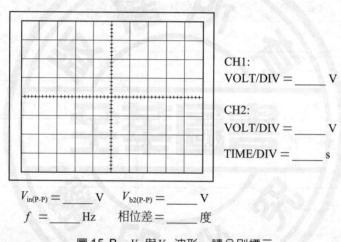

$V_{\text{in(P-P)}} =$ _____ V　　$V_{b2\text{(P-P)}} =$ _____ V

$f =$ _____ Hz　　相位差 = _____ 度

圖 15-B　　V_{in} 與 V_{b2} 波形，請分別標示

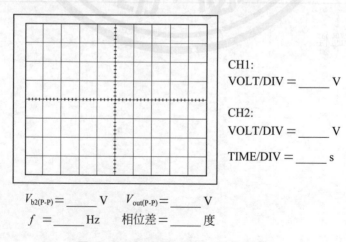

$V_{b2\text{(P-P)}} =$ _____ V　　$V_{\text{out(P-P)}} =$ _____ V

$f =$ _____ Hz　　相位差 = _____ 度

圖 15-C　　V_{b2} 與 V_{out} 波形，請分別標示

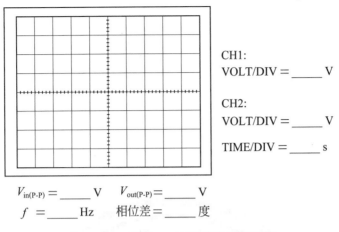

CH1:
VOLT/DIV = _____ V

CH2:
VOLT/DIV = _____ V

TIME/DIV = _____ s

$V_{in(P-P)} =$ _____ V　　$V_{out(P-P)} =$ _____ V

f = _____ Hz　　相位差 = _____ 度

圖 15-D　V_{in} 與 V_{out} 波形，請分別標示

問題與討論

1. 在這實驗中，共集極放大器使用達靈頓電路的優點為何？

2. 為何共射極放大器中有負載和無負載增益並不相同，請解釋原因。

3. 依本實驗所獲得之數據，請計算 Q_3 的工作點 Q (V_{CEQ}，I_{CQ})。

4. A 類功率放大器的其中一個缺點是即使無交流信號時，仍然會由直流電源供應器消耗功率。請依據由本實驗所得數據估算：

   (a) 當無交流信號時，由直流電源供應器所提供之功率有多少？

   (b) 當無交流信號時，電晶體 Q_3 消耗多少功率？

Lab**15**

實驗總結：(在實驗的過程中，無論是儀器的操作過程或電路的接線問題以及實驗心得或結論，你都可以在此發抒意見。)

Lab**15**

電子學實驗記錄及報告

實驗 16

B 類功率放大器

班別：_____

學號：_____

姓名：_____

實驗日期：_____

表 16-A　B 類功率放大器

電阻	色碼標示值	電表測量值
R_L	330Ω	
R_1	10kΩ	
R_2	10kΩ	

表 16-B　B 類推挽式放大器

直流參數值	計算值(理論值)	測量值
V_E		
V_{B1}		
V_{B2}		
I_T		✕

請詳列計算過程：

表 16-C　B 類推挽式放大器

交流參數值	計算值(理論值)	測量值
$V_{out(p)} \cong V_{CEQ}$		
$I_{out(p)} = I_{c(sat)}$		✕
$P_{out} = 0.25 V_{CC} I_{c(sat)}$		✕

請詳列計算過程：

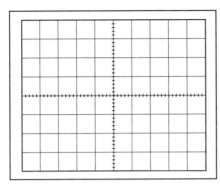

CH1:
VOLT/DIV = _____ V

TIME/DIV = _____ s

$V_{in(P-P)} =$ _____ V　$f =$ _____ Hz

圖 16-A　圖 16-8 的輸入信號波形 V_{in} (示波器的輸入信號交連方式全以"AC" mode)

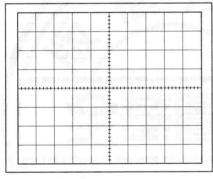

CH1:
VOLT/DIV = _____ V

CH2:
VOLT/DIV = _____ V

TIME/DIV = _____ s

$V_{in(P-P)} =$ _____ V　$f =$ _____ Hz
$V_{out(P-P)} =$ _____ V

圖 16-B　圖 16-8 的輸入信號波形 V_{in} 與輸出波形 V_{out}

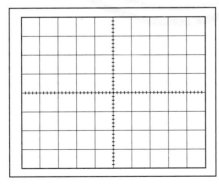

CH1:
VOLT/DIV = _____ V

TIME/DIV = _____ s

$V_{in(P-P)} =$ _____ V　$f =$ _____ Hz

x 圖 16-C　圖 16-9 的輸入信號波形 V_{in}

Lab**16**

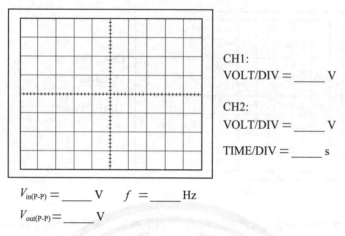

CH1:
VOLT/DIV = _____ V

CH2:
VOLT/DIV = _____ V

TIME/DIV = _____ s

$V_{in(P\text{-}P)} =$ _____ V　　$f =$ _____ Hz

$V_{out(P\text{-}P)} =$ _____ V

圖 16-D　圖 16-9 的輸入信號波形 V_{in} 與輸出波形 V_{out}

問題與討論

1. 在圖 16-9 中，當沒有交流信號時，由電源供應器提供了多少功率？

2. 假設在圖 16-9 中，只有一正半波的整流信號輸出，則有哪幾種可能原因造成。

3. (a)假如在圖 16-9 中，其中一個二極體短路了，則輸出會變得如何？
   (b)假如在圖 16-9 中，其中一個二極體開路了，則輸出會變得如何？

4. 引起交越失真的原因為何？

Lab**16**

實驗總結：(在實驗的過程中，無論是儀器的操作過程或電路的接線問題以及
實驗心得或結論，你都可以在此發抒意見。)